U0348848

写给孩子的
趣味力学

ENTERTAINING MECHANICS

Я.И.ПЕРЕЛЬМАН

[俄] 雅科夫 · 伊西达洛维奇 · 别莱利曼◎著

刘霈◎译

对培养孩子学习兴趣
有巨大贡献的科普经典

WUHAN UNIVERSITY PRESS
武汉大学出版社

图书在版编目（CIP）数据

写给孩子的趣味力学/（俄罗斯）雅科夫·伊西达洛维奇·别莱利曼著；刘霈译. —武汉：武汉大学出版社，2019.11
ISBN 978-7-307-21053-0

Ⅰ.写… Ⅱ.①雅… ②刘… Ⅲ.力学—少儿读物 Ⅳ.O3-49

中国版本图书馆CIP数据核字（2019）第152162号

责任编辑：黄朝昉　牟　丹　　责任校对：孟令玲　　版式设计：新立风格

出版发行：**武汉大学出版社**　（430072　武昌　珞珈山）
（电子邮箱：cbs22@whu.edu.cn　网址：www.wdp.com.cn）
印刷：固安县保利达印务有限公司
开本：710×960　1/16　印张：13　字数：154千字
版次：2019年11月第1版　2019年11月第1次印刷
ISBN 978-7-307-21053-0　定价：42.80元

前　言

雅科夫·伊西达洛维奇·别莱利曼（1882—1942），出生于俄国格罗德省别洛斯托克市。别莱利曼出生的第二年，父亲便去世了，但他从身为小学教师的母亲身上获得了良好的教育。17 岁他就开始在报刊上发表作品，当时的人们迷信流星雨是即将毁灭人类的火雨，别莱利曼针对流星雨写下了《论火雨》的科学论文，他指出人们口中的火雨不过是一种正常的天文现象，即狮子座流星雨，它会定期地出现。

1909 年别莱利曼毕业于圣彼得堡林学院，毕业以后他就全力从事教学与科普作品的写作。1913 年发表了《趣味物理学》，这为他后来相继完成一系列趣味科普读物打下了基础。1919—1923 年，他创办了苏联第一份科普杂志《在大自然的实验室里》并担任主编。1924—1929 年，他在列宁格勒（即圣彼得堡）《红报》科技部任职，兼任《科学与技术》《教育思想》杂志的编委。1925—1932 年，担任时代出版社理事，组织出版了大量趣味科普图书。1933—1936 年担任青年近卫军出版社列宁格勒部顾问、学术编辑和撰稿人。1935 年，他创办和主持列宁格勒“趣味科学之家”，开展广泛的少年科学活动。在反法西斯侵略的卫国战争中，还为苏联军人举办军事科普讲座，这也是他为科普生涯做出的最后奉献。1942 年 3 月 16 日，别莱利曼在列宁格勒溘然长逝。

1959 年苏联发射的无人月球探测器“月球 3 号”在月球上拍摄了第一

张月球背面的照片，人们将其中的一个月球环形山命名为“别莱利曼”环形山，以此来纪念这位为科学奉献一生的科普大师。

尽管别莱利曼在生前没有任何科学发现，也没有得过什么荣誉称号，但他是一位特殊意义的“学者”，趣味科学的奠基人。他一生发表了1 000多篇文章，共写了105本书，其中大部分是趣味科普读物。以《趣味物理学》《趣味物理学（续编）》《趣味力学》《趣味代数学》《趣味几何学》《趣味天文学》最为有名。他的趣味科普系列图书在俄罗斯就出版几十次，并且被翻译成多国语言，至今仍在全世界畅销，深受读者的喜爱。虽然别莱利曼从没把自己当成作家，但无疑他是一位享誉全球的科普作家，他的作品出版量是无数作家难以企及的。

别莱利曼的文笔流畅优美，他将文学语言与科学语言完美地结合起来，善于将科学理论用生动趣味的形式表现出来。凡是读过他科普读物的作者无不被他的作品所吸引，人们不觉得是在学习知识，而是在欣赏妙趣横生的故事。他的作品堪称具有严谨科学性和优美趣味性的科普教科书。

虽然别莱利曼已经出版了两本趣味物理图书，但因为许多人对物理入门阶段的概念知之甚少，关于运动，关于力学定律，等等，于是别莱利曼又写了《趣味力学》。

《趣味力学》正是想要丰富读者的力学方面的知识。本书基本涵盖了力学的所有概念，但有些概念并未具体分析，只是一笔带过。因为本书最重要的目的是激发读者的兴趣，从而让读者自己去探索书中未涉及的知识。

最后需要说明的是，由于年代所限，书中的一些数据是作者当时所能得到的最新数据，经过几十年的发展和科学家们的不懈努力，现在很多数已变得过时。一些力学单位，如公斤米，在作者写作时是通用的标准单位，但现在已经不再使用。为尊重原著，我们将相关内容保留。

目　　录

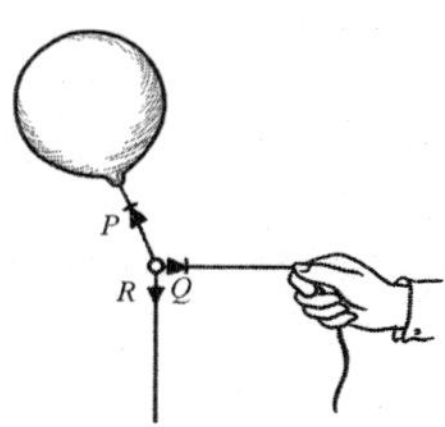

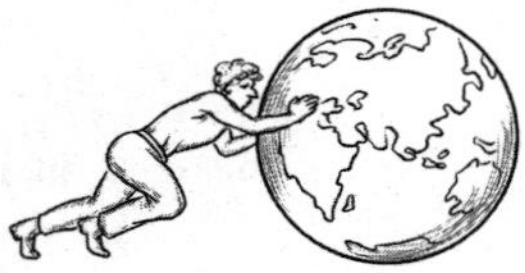

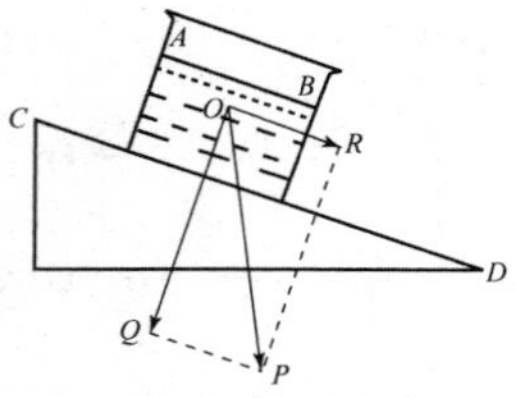
A
B
C
O
R
D
Q
P

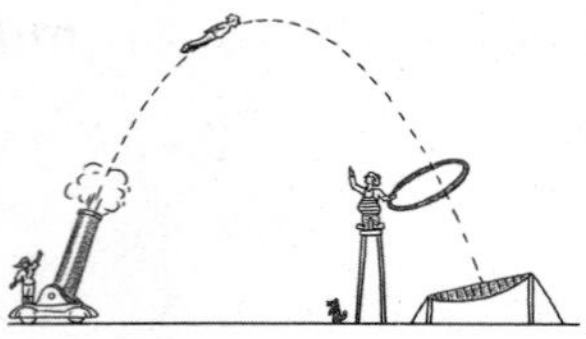

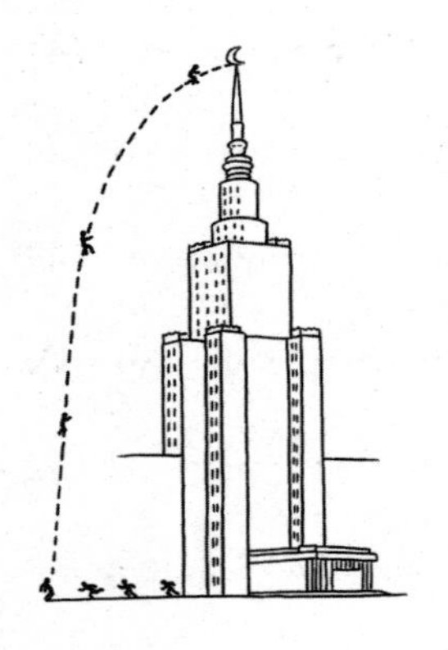

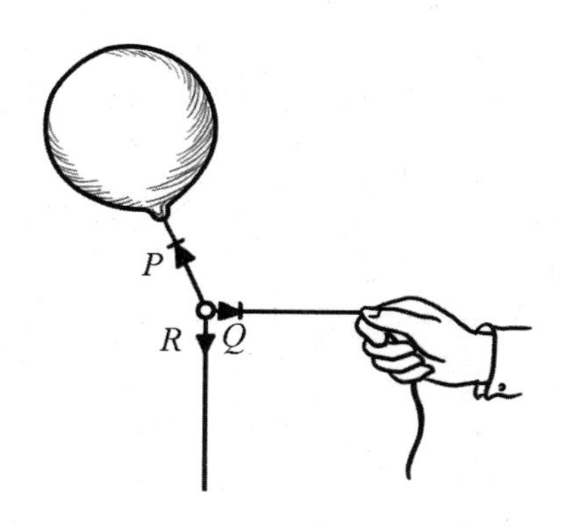

Chapter 1
力学的基本定律

1.1　从鸡蛋到宇宙的相对论

一家知名报纸曾转载了美国《科学与发明》杂志提出的这样一个问题：有两个硬度一样的鸡蛋，分别拿在两只手里，用其中一只手里的鸡蛋去撞另一只手里的鸡蛋（图1-1），且两个鸡蛋撞击的部位是一样的。那么，这两个鸡蛋中的哪个会破呢？

图1-1　哪个鸡蛋会破

问题一出，立即引起轰动。大家纷纷写信给杂志社，阐述自己认为正确的答案。有一些人认为是主动撞击的那个鸡蛋会破；也有人不同意这种说法，他们认为去撞的鸡蛋一定不会破。初看这两种说法，似乎都有可能。但是准确的回答让持这两种观点的人都大吃一惊！

通过多次实验得出，两个蛋都有被撞破的可能，只不过主动去撞的那个鸡蛋破的概率更大。

《科学与发明》对实验结果作出了如下解释："大家都知道拱形物体很能承受外在压力，鸡蛋壳的曲状面就属于拱形。当撞击发生时，那个受到撞击的蛋只受作用在蛋壳外面的力，而主动撞击的鸡蛋不仅受着在外壳的作用力，蛋清和蛋黄这时候也从内部向蛋壳施压。虽说拱形物体很能承受外在压力，但对从拱内来的这种压力承受能力差很多。”

且不说实验结果推翻了大家的两种说法，就是这种讨论方法本身也不正确。大家在讨论的时候说“主动去撞的蛋”是指这个蛋处于运动的状态，而“被撞的蛋”则是静止的状态。事实上，要说清楚这两个蛋哪个“动”，哪个“不动”是不可能的，因为动或不动取决于相对的物体。如果说是相对于地球，那么是对地球的哪一种运动？地球以十种不停的运动存在于宇宙中，这两个蛋也随之做十种运动，至于两个鸡蛋中的哪个在群星中运动得更快些，谁也说不好。就算是翻阅了所有的天文学著作，找到了固定不动的星球来与这两个蛋比较，还是不会有什么结果。因为，所有的星球在银河系中都相对运动着。其实就连银河系相对于其他星系也是处于不断的运动中。

从这个鸡蛋相撞的问题我们竟一路来到了宇宙，虽然没有用这个方法找出“鸡蛋碰撞”的答案，我们却能从中领悟到一个很重要的道理：如果说物体在运动，那就要指出是相对于哪个物体。只要是运动，涉及的至少要有两个物体的相互接近或相互远离。实验中的两个鸡蛋都处于相互接近的运动之中，它们碰撞的结果与大家所说的“动”和“不动”没有关系①。

上述其实就是“经典力学里的相对论”。这个相对论与“爱因斯坦的相对论”是不同的，千万不要将二者混为一谈。“经典力学里的相对论”是几百年前由伽利略提出的，而“爱因斯坦的相对论”出现在20世纪初。

---

① 其实这是一个重要的力学知识点。在地面上两个互撞的物体，两个鸡蛋跟外界是有联系的。碰撞的破坏力还没有空气对它的大。主动去撞的蛋，在它停下来时，蛋清和蛋黄也能对蛋壳造成破坏力。这个知识点将在下一节里为读者仔细讲述。

1.2　在原地飞驰的木马

“经典力学里的相对论”是由伽利略提出来的，很多人虽没读过原著，但对于“相对”这个道理是有一定认知的。西班牙著名作家塞万提斯在《堂吉诃德》这部作品中有一段关于堂吉诃德与随从骑木马之旅，这段文字就隐含着经典力学里的相对论：

“骑到这个马背上吧，在马脖子上有个机关，你们只要轻轻按动机关，木马就能飞起来把你们送到玛朗布鲁诺。但是这个木马飞得太高了，为了防止头晕，你们要蒙上眼睛才行。”

人们果然骗过了堂吉诃德。

在两人的眼睛被蒙上后，堂吉诃德将机关拧开。这主仆二人真的以为自己在空中飞了。

“我想说，我还从没坐过这么稳的坐骑呢，好像身边的东西都在动，我还能感受到吹来的风。”堂吉诃德对侍从说。

“没错!”桑丘回应主人，“向我吹来的风太大了，就像一千只风箱对着我。”

他们俩不知道，实际上就是有好几只大风箱对着他们吹呢。

上面这段文字中，风箱就是起了让堂吉诃德误以为自己在飞的作用。依据的就是在机械效果上匀速运动和静止完全不能区分的原理。我们在游乐场和公园里见到的旋转木马等游戏设施，都是以塞万提斯的木马为蓝本制作的。

1.3 和常识看似相悖的力学

如果你问火车司机："开火车时，是火车向前运动还是周围景物在向后运动?"火车司机凭着常识，一定会这样回答："消耗能量的是火车，当然是火车在向前运动。"乘坐火车的人们在运行的车上睡觉、吃饭、聊天，却从没理会过列车正在飞驰。但是一提到静止和运动，人们自然地将它们放到对立的位置上。如果对他们说可以将疾驰的火车看成静止的，钢轨和四周的树木可以看成是向与车头相反的方向运动，他们一定会竭力反对。

乍看起来，这些人说得似乎没错。不过，当你的思维跟着下面的文字想象一下就明白这些人的错误了：

火车沿着一条铺在赤道上的钢轨向着与地球自转的相反方向行驶（也就是西面）。这时，火车燃烧燃料可以说成是为了将自己对于同时向东运动的四周环境的落后减缓一些。也可以说，火车不断地消耗燃料只是为了不被四周向后退的环境携走。摆脱地球的旋转也不是毫无办法，只要司机将火车开到每小时2 000千米就实现了。但是，目前除了喷气式飞机以外，还没有能达到这个速度的交通工具。

人在观察物体运动的时候就已经参与到匀速运动里了，这并不影响被观察的现象和运动定律，所以人们可以研究两个物体的相对匀速运动。但是，谁都没办法在一瞬间就认定存在的物体是静止还是匀速运动。物质世界的构造规律决定了人们无法确定究竟是火车在运动还是周围环境在运动。

1.4 船上的相对论

如果有一艘匀速运动着的船，有两个人在这艘船甲板底下的大房间里。这两个人能一下子就判断出船是处于运动状态还是静止状态吗？答案是不能。如果在这样的房间里向船头跳也不会比向船尾跳得更远些。虽然这艘船是在高速前行中，跳出的距离还是与在平地上跳出的距离一样。如果这两个人中的一个将手中的东西向另一个掷去，所花的力气也并不因为是从船头向船尾抛掷而比从船尾向船头抛掷小……

上面的这段就是引自伽利略关于经典相对论的著作（这本书曾险些将他送上宗教裁判所的火堆）。

我们再来假设一种情况。一艘匀速直线行驶的船上，两个决斗的人在甲板上用枪瞄准对方（图1－2）。他们丝毫不用担心“运动”会带来公平问题。面向船尾的人射出的子弹虽然与船行的方向相反，但子弹的目标是向它迎面驶来的，正好弥补了子弹减少的速度。从船尾射出的子弹速度虽因与船行方向相同而较快，但子弹的目标正在离开子弹，这就平衡了它的速度。也就是说，这两个人在运行的船上决斗的结果与在地面上是一样的。

上面这些在船上模拟的情况其实都遵循了经典相对论的原理：无论它是在跟地面相对做着匀速直线运动还是静止不动，都不会影响在体系里进行的运动的特性。

图1-2　谁的子弹先射到对方身上

1.5　被广泛运用的风洞

在实验室里放置一个很大的管子（图1-3），管子里能吹出空气流，将这股空气流对着悬挂着不动的飞机或汽车模型，人们利用这个装置来研究空气对飞机或汽车的阻力。这根实验用的管子就叫作风洞。

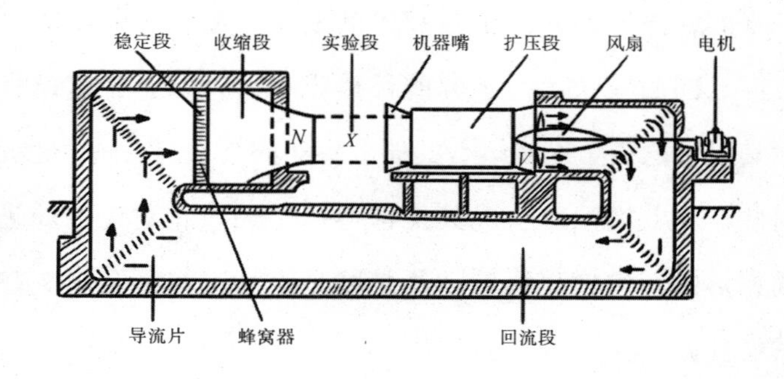

图1-3　风洞的纵截面

飞机或机翼的模型悬挂在标有 X 标记的工作舱里，空气在风扇 V 的作用下，沿箭头方向移动，经过狭窄的 N 吹向工作舱，然后再被吸入风洞

在现实生活中，本来是汽车或飞机在高速向前运动，而空气不动。之所以有风洞这个实验方法，是依据了经典相对论原理中“静止与运动的相对关系”将运动的对象颠倒了，即让风运动，让飞机或汽车保持静止，从而得出风对汽车或飞机的阻力作用，这种研究结果是准确无误的。

这种风洞实验法已经被广泛应用，而且这种技术还在不断发展。现在风洞吹出的空气速度已经可以达到声速，尺寸也不再是以前那么小。随着风洞实验法的发展，实验室中放置的实验品已经变成真实的飞机和汽车，用缩小模型做实验的时代已经过去了。

1.6　运动的水

关于水有这样一个有趣的现象：在流淌的水中直立放入一段下端弯曲的管子，将弯曲的一头冲着水流来的方向（图1－4），直立的那段管子就会涌进水，而且水面高于流水的面。这根管子被称为“毕托管”，水流越快，管子里的水面也越高，原理就是经典相对论。

老式的蒸汽机车通过使用煤燃烧的热量将水变成蒸汽来推动机车前行。这种机车的车头后面挂着一节专门用来装煤和水的车厢，这样的车厢被称为“煤水车”。铁路工程师利用上面所讲的现象，让机车在疾驰中也能加水。

在车站的两条钢轨中间挖有长形的水槽（图1－4）。有一条弯管子从煤水车的底部垂下来，管口迎向火车行进的方向。他们用管子的运动来替代流水的运动，用水箱中水的静止来替代管子的静止。这样，火车驶过水槽时，管子立即涌进水（图1－4的右上图）。根据水力学（力学中专门研究液

图 1 -4　疾驰中的火车怎样加水
在两条钢轨之间修设一个长长的水槽，煤水车下端的管子浸入其中。
把这个管子放入流动的水中，
管子里的水平面会高过水槽里的水面。
左上图为毕托管。右上图为疾驰中的火车运用毕托管为煤水车加水

体运动的分支学科）的定律，物体利用水流速度能达到的竖直高度就是毕托管里水面的高度。利用公式：

$$H = \frac{V^2}{2g}$$

V 代表水流速度，g 代表重力加速度，也就是 9.8 米/秒^2。火车运行的速度就是毕托管与水的相对速度，假设这个速度是 36 千米/小时（也就是 10 米/秒，在火车的速度中不算大）来计算，排除摩擦力和涡流对速度的影响，V 也不会小于 10 米/秒。将这些数字带入公式：

$$H = \frac{10^2}{2 \times 9.8}$$

计算出的结果是 5 米，这样的高度给煤水车加满水绰绰有余。

1.7　牛顿三定律中的惯性定律

力是运动发生的原因。“一个物体，无论是静止、在惯性作用下，还是在有其他力的作用下运动，都不能影响力对物体所起的作用。”这句话是力的独立作用定律，是由牛顿三定律（经典力学的基石）中的“第二”定律推导出来的。牛顿三定律的第一定律是惯性定律；第三定律是作用力和反作用力相等定律。在这一节中，我们主要向大家讲解第一定律——惯性定律。

如果没有学习过物理学，那么你一定会觉得这个惯性定律很奇怪，因为你的习惯思维与它恰恰相反。对于惯性定律，有这样一种普遍的错误认识：没有外来因素的影响，物体的原有状态就会一直持续。其实，这是把原因定律误当成惯性定律了。

惯性定律的内容是：任何物体在不受任何外力的时候，总保持匀速直线运动状态或静止状态，直到作用在它上面的外力迫使它改变这种状态为止。需要注意的是，惯性定律只针对静止和运动两种状态。从这个定义我们可以得出，物体受到了力的作用有这样三种表现：开始运动；运动加快、变慢、停止；直线运动变成非直线运动或曲线运动。

物体即使运动得再快，只要是匀速，那就没有任何力为其施加作用或者是作用在它上面的力相互平衡。也可以理解成，只要物体的运动状态不属于上段中所说的三种情况中的任何一种，那就说明在它身上没有力的作用。可见，科学思维与普通思维还是有很大区别的。在伽利略之前的时代（古代和中世纪），科学家们并没有意识到这一点。根据上面的说法，摩擦由于能够阻碍物体运动，它也是力的一种。

从常识来说，物体好像是个“足不出户”的人。其实，它们具有高度活动性。在没有影响运动能力的条件下，只要是加一点点力，它们就可以永远保持运动状态。物体只是停留在静止状态，而不是趋向于保持静止状态。“物体对作用于它的力是抗拒的”也是错误的说法。

1.8　作用力与反作用力

仔细观察图1-5，你觉得作用在儿童气球的作用力有几个？你可能会脱口而出：“气球的牵引力、绳子的牵引力和坠子的重力。”别急，看完下面的讲解再来回答，一定不会是现在这个答案了。

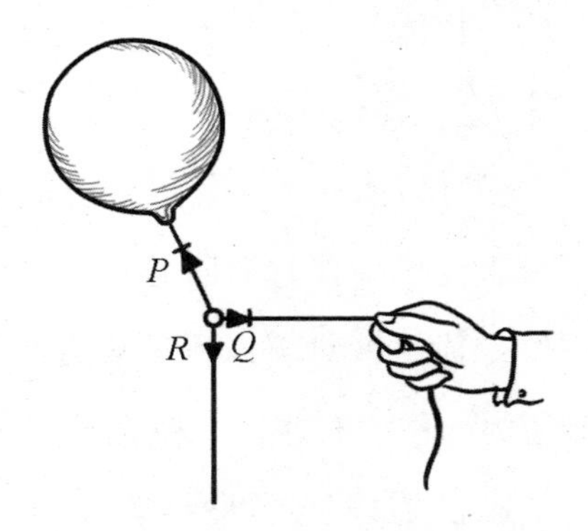

图1-5　作用在儿童气球下面的坠子上的力是 ***P***、***Q***、***R***。请问反作用力在哪

不知道大家有没有留意过自己开门时的力：手臂上的肌肉收缩起来，将门的两端拉近和将你与门的距离拉近的是相同的力。这时候存在着两个作用力，一个作用在你的身体上，一个作用在门上。如果是你推开门的话，那就是你的身体和门被力推开。

其实，不管是什么性质的力，它们的情况都与上面所说的肌肉力量一样“成双成对”。施力的物体受一个力，还有一个是加在受力的物体上的。

“作用力等于反作用力”就是能概括上面一段内容的力学定律。存在于宇宙间的力没有一个是“孤单”的，当表现出力的作用时，在别的地方必定有与之相反且相等的力，它们两个力作用在两点之间，使之相近或相离。

我们回过头来思考本节开头提出的问题。如图 1 - 6 所示：

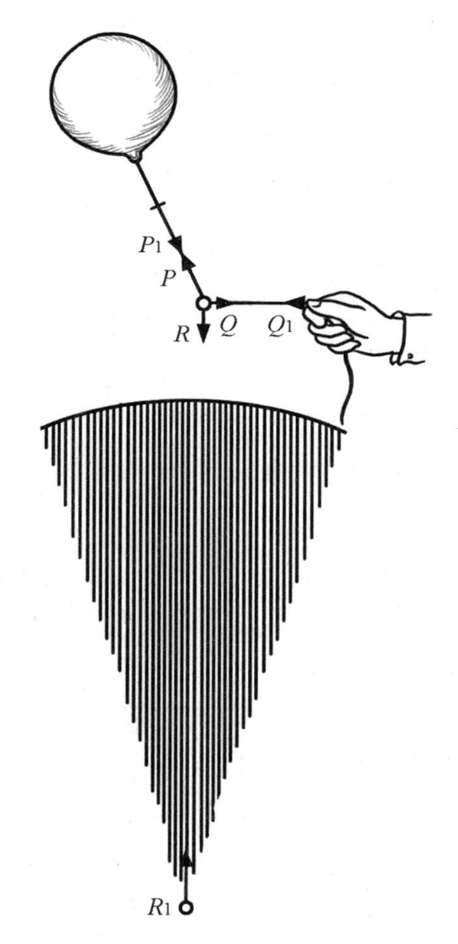

图 1 -6　反作用力是 $\boldsymbol{P}_1$、$\boldsymbol{Q}_1$ 和 $\boldsymbol{R}_1$（图1 -5的答案）

既然每个力都有正好与之相等但方向相反的力，那么加在系气球的线上

的力就是与力 P 相对的力，它是由气球的线传导到气球的（图 1－6 的力 P_1）；手上的力是与力 Q 相对的力（图 1－6 的力 Q_1）；地球引力吸引坠子，反过来，坠子也吸引着地球，所以地球上的引力与力 R 相对（图 1－6 的力 R_1）。

还有这样一个问题：将一节绳子的两头分别加上一千克的力并向相反方向拉扯，这时有多少张力存在于绳子上？仔细读一遍问题，再回想刚才说的“作用力等于反作用力”。答案出来了，是一千克。这是因为一对相反且相等的力组成了这节绳子上的“一千克的张力”。说“有两个一千克的力将绳子拉向方向相反的两头”与“有一千克的力作用在绳子上”没有区别。

1.9 马德堡半球

有这样一个题目：一个弹簧秤，用两匹马向相反方向拉，这两匹马的拖力都是 100 千克。此时弹簧秤的指针应该指向多少（图 1－7）？

图 1－7　两匹马各用100千克的力拉弹簧秤，弹簧秤的读数是多少

很多人会回答：两匹马各施加 100 千克的力，那就是 100＋100＝200 千克。但这个受到很多人认可的答案是错的。根据“作用力与反作用力”原理，力度相等且方向相反的力属于一对儿，所以拖力是 100 千克，不是 200 千克。

著名的马德堡半球实验与这道题相似。实验的两个半球分别由 8 匹马向相反的方向拉，正是因为相反方向有 8 匹马在拖拽，另外 8 匹马才起作用，所以这两个半球受的力是 8 匹马的力量而不是 16 匹马。在这个实验中用墙壁来替代一边的 8 匹马也可以达到同样的实验效果。

1.10　哪只游艇先靠岸

两只相同的游艇上分别有一位划手利用绳子将游艇拉向岸边（图 1－8），其中一只游艇绳子的另一端由码头上的一位水手用力拉着，另一只游艇则将绳子的另一端系在码头铁柱上。如果这三个人用力大小一样，先靠

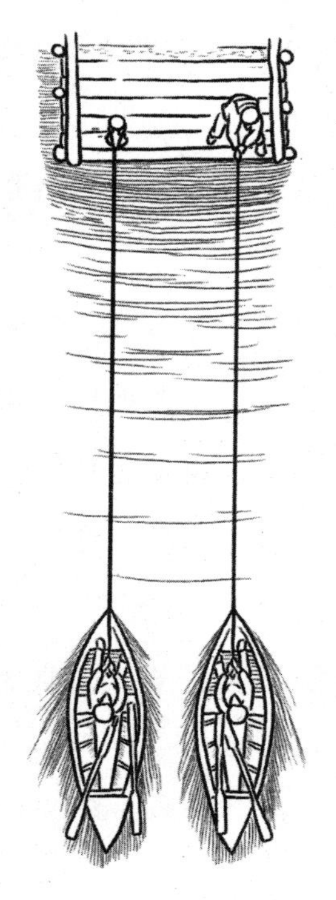

图 1－8　哪一只游艇先靠岸

岸的会是哪只游艇？

答案是：两只游艇同时靠岸。

有些读者可能会疑惑，有两个人拉的游艇受两倍力量，为什么不是先靠岸呢？

要解释这个问题，还要用到“作用力与反作用力”原理。有水手在码头拖拽的游艇之所以不会先靠岸，是因为两个人用相同大小相反的方向用力，这与另一只游艇一样，都只受一个力。受相同的力拉拽，当然是同时靠岸。①

1.11 行走的秘密

行走是人类再熟悉不过的动作，但是你知道支撑我们前进的都有哪些力吗？

步枪射击时，火药气体造成的内力将子弹推向前方，同时又有一个能让步枪后坐的力。在各部分相互连接的条件下能改变物体各部分的相互位置，却不能让物体整体一起运动，也就是在同一个物体上作用力和反作用力分别加在不一样的地方，这是内力的特性。正是因为“内力”的特性，才不会发生步枪和子弹一起飞出去的情况。人类的行走是利用肌肉收缩，也就是肌肉张力，同样属于“内力”范畴。那为什么人类还能像现在这样

---

① 也有持不同意见的人认为岸上有水手拖拽的游艇会先靠岸。对于这个答案，他们的解释是：拉游艇的人只有收绳子游艇才会靠岸，相同的时间，两个人收绳子自然要比一个人收的绳子多，由两个人收绳子的游艇会先靠岸。

受两人拉拽的游艇如果先靠岸，那么拉拽游艇时两个人就要用更大的力量才能将绳子收得比另一只游艇多。但是题目已经设有条件：三个人用力大小一样。所以其中一只游艇要先靠岸是不可能的。

行走呢？

摩擦力是人类行走时用到的另一个力。但是，在前面的小节我们讲过，摩擦对物体运动具有阻碍作用。既然这样，摩擦力又怎么会是支持我们行走的力呢？

事实上，上面讲到的这两个力看似无法完成人类的行走动作，相互配合起来却会产生神奇的效果。摩擦力虽然是阻碍物体运动的力，但适当的摩擦力会起到帮助运动的作用。没有它的存在，汽车在马路上会像在冰面上一样打滑，无法前行。

人类身体内部产生的力是力度相等且方向相反的一对儿内力，无法让整个物体运动。在头脑中想象一下，你的身体使用内力 F_1 将右脚向前移动，与这个内力相对的力 F_2 让左脚向后移动。但此时这对儿力并没有使身体向前或向后移动。这时候左脚与地面的摩擦力 F_3 就成了能削弱其中一个内力的第三方力。力的一方弱了，身体的重心改变，那另一方自然就会起推动物体前进的作用（图 1－9）。当我们走路时，一只脚向前抬起伸出时，已经减小了地面与这只脚的摩擦力。另外一只脚在地面上，摩擦力大，正好阻止了脚向后滑。

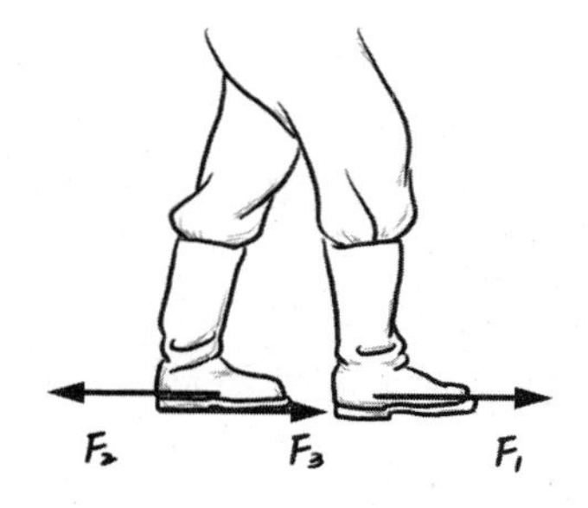

图 1－9 摩擦力 F_3 使人向前走

理解了行走的原理，你会发现生活中还有很多事情可以用这个原理来解释，例如蒸汽机，只不过蒸汽机要比行走复杂一些。

1.12 铅笔的奇怪行动

将一根铅笔放置在水平伸直的两手的食指上，让铅笔在保持水平状态的同时不断靠近两根食指（图1－10）。这时出现了奇怪的现象：铅笔在这个食指上滑动一会儿后，又在另外一根食指上继续滑动。如果是一根很长的木棒就会重复这种情景。

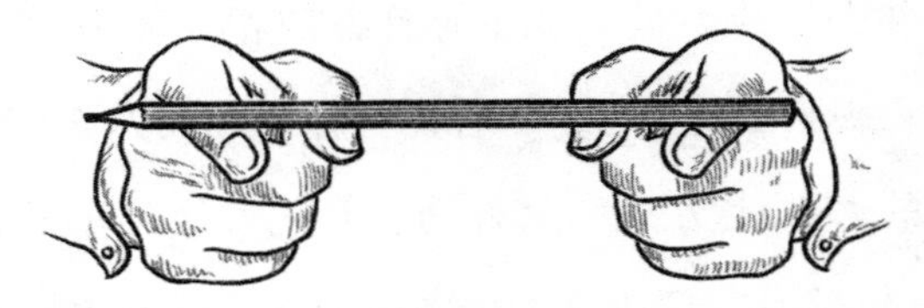

图1－10　当两只手指移近时，铅笔交替地向左右两个方向移动

解答铅笔奇怪的运动需要用到两个定律：库仑－阿蒙顿定律和摩擦力定律。摩擦力跟作用在摩擦面上的正压力成正比，跟外表的接触面积无关。写成数学式就是：$T=f\cdot N$（T表示摩擦力，f表示相互摩擦物体特征的数值，N表示物体加在支点上的压力）。铅笔给两根手指的压力不一样，受压力大些的手指会比另一根手指的摩擦力大。这就阻碍了铅笔在压力较大的手指上滑动。铅笔随着两根手指的移动，重心不断滑向摩擦力小的手指。铅笔滑动时，两根手指所受压力程度也不断变化。因为摩擦力在静止时候要比滑动时大些，铅笔会在手指上继续滑动一段时间。当铅笔滑动到一定程度时，受压力较大的就换成了另一根手指，铅笔开始向原来受较大压力的手指滑动。压力在两根手指上不断变换，这种现象也就能重复下去。

1.13　物体运动为什么要“克服惯性”

我们知道，物体绝对不会抗拒使它运动的力的作用。但是总会有这样一种说法：如果一个力量使物体运动，那么这个物体就会花费一点时间来“克服它的惯性”。究竟要克服什么惯性呢？

原来，一个物体要运动起来，是需要一定时间来获得足够的速度的。不论将要获得力的物体质量有多小，也不论这个力有多大，要想让物体获得足够的速度，时间是必要条件。有一个数学公式可以解释这个道理：

$$Ft = mv$$

t 表示时间，F 表示力，m 表示质量，v 表示速度。时间 t 是零时，等式另一边 mv 的乘积也是零。由于物体的质量永远不可能是零，等于零的只能是速度。也就是说，如果没有时间让力 F 施加它的作用，物体就不可能产生运动。物体的质量越大，需要的时间就越长。正是这个原因，才让人们产生了误会，以为静止的物体想要运动就得“克服”自身的“惯性”。

1.14　难以启动的火车

你知道吗，启动一辆火车要比维持火车的匀速前进困难得多。如果启动一辆停着的火车，至少要施加 60 千克的力才可以。但如果钢轨的润滑情况很好，只需施加 15 千克的力就能够维持它匀速前进于水平轨道上。

导致这种现象的原因有两个：

第一，为了使火车达到足以让其前行的速度，在一开始的几秒需要额外多的力施加在车上，但这个力并不算大。

第二，也是最主要的原因——摩擦力不一样。火车在刚刚启动的时候，轴承上还没有均匀地布上润滑油，这时的摩擦就会比已经行驶的火车大，因此启动火车需要比维持火车匀速运动用更大的力①。

只要车轮转了第一圈就能改善火车刚启动时润滑不够的状况，所以火车运行起来以后比较容易维持速度。

---

① 注释：推动火车前进的是铁轨与车轮之间的静摩擦力，也就是上面说的第一条的力。火车运行中的阻力是车轮滚动轴承的滚动摩擦力，与第一条的静摩擦力不是同一类型的力。

Chapter 2

力和运动

2.1 力学公式知多少

在学习力学之前，你还记得多少力学的公式呢？这些公式将多次出现在我们这本书里，所以让我们先通过表 2－1 给大家回忆一下力学中常用的一些重要公式。这个表格的形式类似乘法表，两栏栏头交叉是两个变量相乘所得的积。这些公式在我们的力学课本中也都出现过，课本里有它们详细的推理过程及应用知识。

表 2－1 力学中常用的一些重要公式

	速度 v	时间 t	质量 m	加速度 a	力 F
距离 S	—	—	—	$\frac{v^2}{2}$（匀加速运动）	功 $A=\frac{mv^2}{2}$
速度 v	$2aS$（匀加速运动）	距离 S（匀速运动）	冲量 Ft	—	功率 $W=\frac{A}{t}$
时间 t	距离 S（匀速运动）	—	—	速度 v（匀加速运动）	动量 mv
质量 m	冲量 Ft	—	—	力 F	—

下面详细介绍一下这个表格的使用方法（表里的空格表示两个相关变量的乘积没有任何意义）：

公式 $S=vt$，即在匀速运动中，速度 v 乘时间 t 得到行进距离 S。

公式 $A = FS = \frac{mv^2}{2}$，即用一定不变的力 F 与距离 S 相乘，得到功 A，这个功又等于质量 m 和速度 v 的平方的乘积的一半。

我们在计算力学题目的时候，若要计算加速度，可以先按上表列出包含加速度的所有公式，其中包括下面的公式：

$$aS = \frac{v^2}{2}$$

$$v = at$$

$$F = ma$$

由以上式子还可以推导出：

$$t^2 = \frac{2S}{a} \text{或} S = \frac{at^2}{2}$$

从上面列的各种式子找到与题意相符合的进行计算。

表中也提供了各种用来计算力的公式，包括以下几个：

$$F = ma$$

$$FS = A \text{（功）}$$

$$Fv = W \text{（功率）}$$

$$Ft = mv \text{（动量）}$$

当然，在使用乘法表的时候，我们还可以利用除法找到其中存在的另外一些关系，比如下面的关系：

公式 $a = \frac{v}{t}$，即加速度 a 用匀加速运动的速度除以时间 t 得到。

公式 $a = \frac{F}{m}$ 和 $m = \frac{F}{a}$，即用力除以质量 m 可以求得加速度 a，相应地，如果除以加速度 a 则可以求出质量 m 的大小。

当然，这里也不能忽略重要的重力，其实在列出式子 $F = ma$ 的同时，就可以类比得到重力的算法，重力加速度 g 即相当于式子中的加速度 a，质量是不变的，所以得到求重力的式子：$P = mg$。相同地，通过另一个求做功的式子 $FS = A$，我们可以类比得到将重力为 P 的物体提高到离地面高度为 h 时，所做的功的式子 $Ph = A$。不过在计算做功时，公式 $FS = A$ 只适用于力的方向和距离方向相同的时候，如果力的方向与距离的方向有一定的夹角，则计算中就要考虑到角度的问题。同样，$A = FS = \frac{mv^2}{2}$，也只适用于物体初速度为零的情况。若初速度不为零，则要用末速度下做的功减去初速度下做的功。

2.2　后坐力现象

学习这一节前，先让我们回忆一下作用力和反作用力相等的定律，从表 2－1 中可以看到，动量 mv 等于力 F 和时间 t 的乘积，也就是等于质量 m 和其速度 v 的乘积，这是在物体由静止状态转为运动状态的情形下动量定律的数学式：

$$Ft = mv$$

在一定时间里，物体动量的改变，等于在这同一时间里面加在这个物体上的力的冲量，这个定律的一般形式为：

$$mv - mv_0 = Ft$$

其中，F 是一定不变的力，v_0 是初速度。

在进行射击的时候，我们知道枪都有“后坐”现象，枪膛里充满火药气体，火药气体膨胀而产生的压力将子弹推向一边，与此同时，导致枪向相反的方向推动。根据作用力与反作用力的定律，如图 2－1 所示，火药气体加在枪上的压力与火药气体加在子弹上的压力应该是相等的，两个力作用的时间是相同的，所以 Ft 的值对于子弹和枪都是相同的，由上面的公式可以得出它们的动量也应该是相同的。这里如果我们用 M 代表枪的质量，V 代表枪的速度，用 m 代表子弹的质量，v 代表子弹的速度，那根据前面的公式可以得出：

$$mv = MV$$

从而得到

$$\frac{V}{v} = \frac{m}{M}$$

图 2－1　枪射击时为什么会后坐

那么，根据公式，我们能不能知道枪在后坐力的作用下向后运动的速度到底有多大呢？

下面我们将各项已知的数据代入上面求出的比例公式，已知军用步枪的子弹质量为 9.6 克，它射出的速度为 880 米/秒，步枪的质量是 4 500 克，这样就可以算出枪的运动速度：

$$\frac{V}{880} = \frac{9.6}{4\ 500}$$

因此，步枪的速度 $V \approx 1.9$ 米/秒。我们可以看出，步枪向后运动时的力量是子弹的$\frac{1}{470}$，对于不会射击的人，这个后坐力会产生很强的冲撞，如果掌握不好力量的运用，有时候还会被撞伤。可见即使两个物体动量相同，质量的差异也会导致速度成相应变化。

旧式大炮在发射的时候，强大的后坐力会使整座大炮向后退。现代大炮由于炮尾末端的驻锄固定着炮架，所以在发射时只有炮筒向后滑退，炮架仍然固定不动。海军炮由于安装了一种特别的装置，在发射的时候，部分炮会向后坐退，不过后退以后会自动回到原来的位置。

速射野战炮速度为 600 米/秒，质量为 2 000 千克，用它射出质量为 6 千克的炮弹，这种野战炮的后坐力与步枪的大致是一样的，算出来是 1.8 米/秒。但是由于炮的质量巨大，所以它运动所产生的能量是很大的，大概是步枪的 450 倍。在我们上面举的例子里，读者大概已经注意到，动量相等的物体，它们的动能并不一定相等。这是很正常的，我们从式子

$$mv = MV$$

无法推导出

$$\frac{mv^2}{2} = \frac{MV^2}{2}$$

后面这个等式只有在 $v = V$ 的时候才是成立的。曾经有过这样的事情：有些发明家误以为等量的功会有相等的冲量，就根据这一点想发明不需要花费很多能量就可以工作做功的机器。这是一个误区。不是动量相等的时候动能就一定相等。

2.3　科学和生活中的知识与经验

力学知识告诉我们，匀速运动的时候，物体根本就不在力的作用之下，一个一定不变的力所产生的不是匀速运动，而是加（减）速运动，因为这个力量在原来已经积累起来的速度上不断地增加（减少）着新的速度。要不然的话，它就不会进行匀速运动了。但是，力学的知识和我们的日常生活有时候是完全不同的。所以在进行力学研究的时候，有很多极其简单的事情和日常生活中我们的感觉出入很大，有很多例子会让你感到十分惊奇。有一个很简单的道理在里面，那就是如果一个物体受到一个恒定不变的力的作用，那么它一定进行匀速运动，也就是速度相同的运动，反过来说，如果一个物体进行匀速运动，就一定证明在这个物体上一直作用着一个不变的力，生活中的大车和机车就证明了这点。哪里出错了呢?

科学的概括有比较宽泛的基础，而我们原来的论断是从不够完整的材料中得出来的。科学的力学定律不只是从大车和机车的运动中得出，也从行星和彗星的运动中得出。

日常生活的观察也不是完全错误的，它们只是在极有限的范围里面才会产生一些现象。在有摩擦和介质阻力的情况下移动的物体是我们日常的观察能得到的，而自由运动的物体是力学定律所说的前提。要在物体上加上一个一定不变的力，才能使在摩擦情况下运动的物体有一定不变的速度。但这个力是用来给物体创造自由运动的条件，克服对运动所起的阻力，而不是用来使物体运动的。所以，如果说在一个一定不变的力的作用下，一个在有摩擦的情况下进行匀速运动的物体是可以存在的。

从前面的现象中我们可以充分地体会到牛顿第二定律的精髓，在课堂的学习中，一般只有抽象幻想的情景，但事实证明在生活中的观察是能够把本质看得更清楚的。所以我们也就知道了一个自由物体它的加速度和作用在物体上的力的关系是什么样的。可见只有扩大观察的眼界，并且把事实跟偶然的情况区分开来，才能做出正确的概括，才能根据知识透过现象看本质，有效地进行实际应用。

2.4　在月球上发射炮弹

在月球上以 900 米/秒的速度射出竖直向上的炮弹，举例来说，达到的高度可以从下式求出：

$$aS = \frac{v^2}{2}$$

从表 2－1 中我们可以找到上面的公式。由于月球上的重力加速度较小，只有地球上的六分之一，就是 $a = g/6$，上式变化成：

$$\frac{gS}{6} = \frac{v^2}{2}$$

从而可以得出炮弹上升距离

$$S = 6 \times \frac{v^2}{2g}$$

在没有大气的条件下，在地球上：

$$S = \frac{v^2}{2g}$$

如果不将空气的阻力计算在内，虽说在这两种情况下炮弹具有相同的初速度，但是我们可以看出月球上大炮射出炮弹的高度应该是地球上的6倍。

[**题**] 在地球上，我们可以使炮弹以900米/秒的速度从大炮中射出，设想我们将这门大炮移动到月球上，我们知道所有物体到月球上以后重量都只是地球的六分之一，那么请问炮弹从大炮中射出的速度会变成多少呢？由于月球上不存在空气，也就没有阻力的存在，所以这里不予考虑。

[**解**] 既然地球上和月球上火药的爆炸力量是相同的，而月球上只有六分之一的力量是作用在炮弹上的，那炮弹得到的速度自然要比地球上的大很多，按理说应该是地球上的6倍：900×6＝5 400米/秒。就是说，炮弹在月球上的射出速度为5.4千米/秒。许多人对于这个问题的回答看起来似乎正确，其实有一个地方产生了误区，导致答案完全错误。

这里我们要注意到的是，力、重量和加速度之间根本就不存在上面表达的关系。有人要说了，这不是利用牛顿第二定律得出的结果吗？那么你也有相同的误区，因为与力和加速度有关的是质量，而不是重量，这两者有很大的区别，公式中是 $F = ma$，而炮弹的质量在地球上和在月球上是没有变化的，所以火药爆炸所产生的加速度也应该和地球上相同，既然加速度和炮弹在炮膛里的运动距离都是相同的，那么由公式 $v = \sqrt{2aS}$ 得出，它们的速度也是不变的。

所以根据纠正后的结论，大炮射出炮弹的初速度在两个星球上并没有差异，不过如果要计算炮弹在月球上可以射出的距离或者高度，就和月球上重力的减少有着很大的关系了。

2.5　海下射击

［**题**］假设有一支上好了子弹的气枪，它的枪膛里有压缩的空气。世界上最深的海洋深度大约有 11 000 米，在菲律宾群岛棉兰老岛附近。我们将这支气枪放到这个深海的底部。假设它的子弹的射出速度和七星手枪一样，都是 270 米/秒，如果在这个时候扳动气枪，子弹会射出来吗？

［**解**］我们知道一般的七星手枪的枪膛直径为 0.7 厘米，那么现在这支手枪的枪膛直径也是一样的，计算出它的截面积为：

$$\frac{1}{4}\times 3.14\times 0.7^2\approx 0.38\ （平方厘米）$$

子弹射出枪膛的时候会受到两个力的作用，一个是水的压力，另一个是压缩空气的压力，这两个力的方向是相反的。子弹如果发射不出来，那是因为水的压力比空气的压力大，只要水的压力小于空气的压力，子弹就肯定可以射出。所以这道题我们只要计算一下两个力的大小就能够知道子弹到底能否射出。10 米的水柱压力和一个大气压相当，也就是每平方厘米 1 千克的压力，那么题目中 11 000 米的水柱产生的压力就是每平方厘米 1 100 千克，所以作用在子弹上的水的压力，即在这个面积上作用的水的压力等于：

$$1\ 100\times 0.38=418\ （千克）$$

算出水的压力后，让我们来看看压缩空气的压力是多少。首先我们要假设子弹在枪膛中的运动为匀加速运动，这是为了简化演算，所以我们就可以先求出子弹的平均加速度，实际上这个速度并不是简单的匀加速，不过这样的假设并不会产生太大的误差。

从表 2 - 1 里可以找到下面的公式：

$$v^2 = 2aS$$

公式中，v 是子弹即将离开枪口时的速度，a 是所要求的加速度，S 是子弹在压缩空气中所产生的位移，也就是枪膛的长度，我们假设是 22 厘米，这样把 $v = 270$ 米/秒 $= 27\ 000$ 厘米/秒和 $S = 22$ 厘米代入式子里，得：

$$27\ 000^2 = 2a \times 22$$

从而

$$a \approx 16\ 500\ 000\ (\text{厘米/秒}^2)$$

在一般情况下，子弹跑完枪膛全程所用的时间是很少的，所以我们求出的这个子弹的加速度是非常大的。我们知道了子弹的加速度，假设它的质量为 7 克，那么根据公式 $F = ma$ 就可以算出加速度所产生的力：

$$\begin{aligned} F &= 7 \times 16\ 500\ 000 \\ &= 115\ 500\ 000\ (\text{达因}) \\ &= 115\ (\text{牛顿}) \end{aligned}$$

这里一百万达因与一千克的力是等量替换的，因此作用在子弹上的空气的压力大约为 115 千克。

经过我们的计算，得出子弹在发射的瞬间受到两个力，一个是空气的 115 千克压力的推动，另一个是方向相反的作用力为 418 千克的压力。这样看来，由于这个反作用力大于空气给子弹的压力，所以这个子弹不会被发射出来，相反还会因为反作用力被压进枪膛，所以这种气枪是实现不了的，不过现在的先进技术已经发明了能和七星手枪竞争的气枪了。

2.6　我们能移动地球吗

如果大自然里的某个物体能够不受摩擦和介质阻力的作用而运动，那它就是大自然里完全自由的物体。这样的物体数量不多，比如一些天体：太阳、月球、行星，当然也包括我们的地球。在力学还没有充分被人们研究的时候，一直流传着一种猜想：小的力量永远不可能移动质量大的自由物体。但这明显是一个常识性的错误，力学向我们证明，即使是再微不足道的力量，也能够使每一个物体，不管是很重的物体还是很轻的，只要是自由物体就能产生一定的移动。那么，这是不是证明人可以用自己的肌肉力量来推动地球呢？其实我们自己在运动的同时也带动了地球的运动。

然而，在我们所生活的环境下，并不容易看到这个现象，因为我们生活中到处存在着摩擦，也就是对物体运动的阻力，所以生活中很少有自由物体，我们看到所有运动的物体都不是自由的，如果想要使在摩擦力作用下的物体运动，就需要施加比摩擦力大的力。在牛顿第二定律中，加速度只有在力 F 是零的状态下才能等于零，也就是：

$$F = ma$$

从而得到

$$m = \frac{F}{a}$$

因此如果是自由物体，任何力量都能推动其运动。

所以假如根本没有摩擦的存在，沉重的柜子只要一个小孩子用手指轻轻一推就能够运动。但如果是一个橡木的柜子在橡木地板上，想用手推动柜子的话，因为干燥的橡木跟橡木之间的摩擦力，大约相当于物体重力的34%，所以力量至少要花费柜子重力的$\frac{1}{3}$才能推动。

前面讲到如果人运动也会引起地球的移动。我们可以讲一个例子，假如我们的双脚从地球表面跳起来，那么我们使自己的身体产生了速度，这个速度可以根据作用力与反作用力的定律得出来，由此可以得到地球由于这个运动而产生的速度。我们身体向上抛起的力量和我们加在地球表面上的力量是相等的。这两个力的冲量相等，所以我们身体和地球所获得的动量也是一样的，如果用 M 代表地球的质量，V 代表地球得到的速度，m 代表人体的质量，v 代表人体的速度，那就可以写成：

$$MV = mv$$

从而

$$V = \frac{mv}{M}$$

这样看来，尽管地球因为这个力的作用产生的速度非常之小，但是人在很短时间内也是能给予地球一个速度的，不过这个速度并不能引起地球的移动。所以人如果想利用自己肌肉的力量引起地球的移动，是需要条件的，如图2－2幻想的一样，要找到一个和地球没有联系的支点。不过，无论想象力多么丰富的艺术家，他也无法说明两只脚到底应该在什么地方。就像那句很经典的话：给我一个支点，我就能撬动地球。

实际上，人的两脚刚离开地面，他的运动就在地球引力的作用下开始减慢，所以地球由于人脚碰撞所得到的速度并没有保存下来。假如地球用60千克的力吸引人体，人体也就用同样的力吸引地球，随着人体速度的减慢，那么地球所得到的速度也就随之减慢，以至于使两个速度最终都变为零。地球的质量比人的质量要大得多，或者可以说大得无法形容。下面我们代入数据来证明一下，能更有说服力。因为地球的质量和人的质量是可以得知的，所以我们可以计算出某种情况下的速度。

图 2 -2　只要找到一个跟地球没有联系的支点，人就能移动地球

我们已知地球的质量 M 是 6×10^{27} 克，假设人的质量 m 是 60 千克，那么 m/M 的比值就是$\frac{1}{10^{23}}$，根据之前的公式我们可以得出，地球的速度只等于人跳起速度的$\frac{1}{10^{23}}$。那么如果人能够跳起一米高，他的初速度就可以通过以下公式求出：

$$v=\sqrt{2gh}$$

即

$$v=\sqrt{2\times980\times100}\approx440\text{（厘米/秒）}$$

而地球的速度是：

$$V=\frac{440}{10^{23}}=\frac{4.4}{10^{21}}\text{（厘米/秒）}$$

这个数值虽然小得无法想象，但终究还是存在的。如果地球得到这个速度后将其保持很长一段时间，例如十万万年，当然，地球的寿命远大于这个时间，所以在这个时间里，我们可以用公式算出地球的位移：

$$S = vt$$

取

$$t = 10^9 \times 365 \times 24 \times 60 \times 60 \approx 31 \times 10^{15} \text{（秒）}$$

得到：

$$S = \frac{4.4}{10^{21}} \times 31 \times 10^{15}$$

$$\approx \frac{14}{10^5} \text{（厘米）}$$

用千分之一毫米也就是微米来表示这个距离就是：

$$S = 1.4 \text{（微米）}$$

结果是，用我们求出来的极小速度在十万万年中使地球匀速运动所能产生的位移也只有不到六分之一微米，这个距离小到我们无法分辨。

2.7 发明家错误的设想

在2.6节中我们说到，人不可能用自己肌肉的力量使得地球产生移动，这也可以用重心运动的定律来解释。

由于人与地球之间的作用力，也就是人作用在地球上的力和地球作用在人体上的力均为内力，所以它们并不能引起地球和人体的共同重心的移动。当人走到地球表面上的一个位置的时候，地球也会相应地运动到一个位置，所以它们之间是没有相对位移的。

图2-3是一种完全新型的飞行器的设计图。这是一个很有教育意义的例子，这个例子说明了重心运动定律的重要性，如果没有这个定律发明家

会产生怎样的错误。发明家说："请设想有一支闭合的管子，它由水平的直线部 AB 和它上面的弧线部分 ACB 两部分组成。管子里的液体依靠螺旋桨的推动而朝着一个方向不停地流动，在液体流动的时候，沿着 ACB 弧线会对罐子外壁产生力的作用，也就是离心力。同时还会产生一个向上的力 P 的作用（图 2 -4），但是液体在 AB 一段里并没有产生离心力，自然也不会受到其他方向上的力的作用。"由此，发明家得出结论：当水流速度变得足够大时，力量 P 会牵引整个装置向上运动。

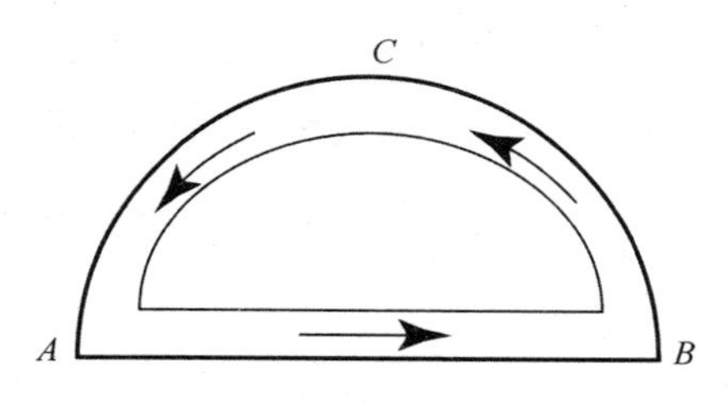

图 2 -3　新型飞行器的设计图

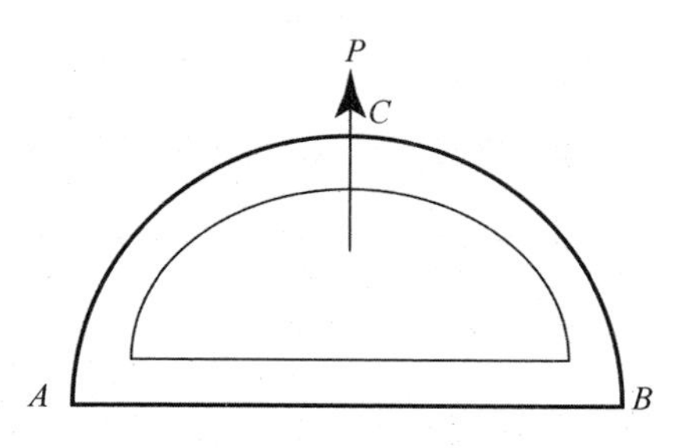

图 2 -4　力 P 应该吸引整个装置向上抬起

那么，发明家的这个实验的想法和结果正确吗？其实不用深入研究他的这个装置，就可以知道由于这其中的作用力均为内力，它是不会动的，整个系统——管子连同所有的液体以及使液体运动的机械，都会发生重心的移动，自然也就无法向前运动。

意大利的达·芬奇在五百年前就曾经说过一句话，他觉得力学的定律

“某种程度上遏制了工程师和发明家的思维，使他们无法把不可能的东西做给自己或别人”。

如果发明家只是陷于无限的空想中，那么他的发明将永远是没有结果的。如果他真的想在技术上发明出什么的话，就必须接受严谨的力学学习，他们发明的本质不能够违背能量守恒定律。当然，还有一个定律也是他们无法超越的，那就是重心运动定律，一旦忽视这一点，就很有可能走进死胡同而白白消耗精力。

就像如果忽略空气阻力，飞速运动的炮弹要是爆炸，它爆开的碎片在落到地面之前，重心的移动都应该和炮弹本身重心移动相同，这也就解释了一个物体或者一个物体系统，它重心的移动并不是因为内力的作用而发生改变的。所以如果一个物体最初重心是静止的，那么就不会因为内力的作用而发生改变。

如果你想知道之前那个发明家的论证到底是哪里出了问题，其实并不难解释。因为设计这个实验的人没有注意离心力不但发生在弧线 *ACB* 这段液体运动的路径上，同时在转弯的 *A*、*B* 两点也会产生，这一小段的距离不长（图 2 –5）。但转弯的曲率半径很小，产生的离心效应其实是很大的，所以在这两个地方也会产生力的作用，也就是 *Q* 和 *R* 两个向外作用的力，发明家正是忽略了这两个力的作用。不过，如果发明家知道重心定律的存在，

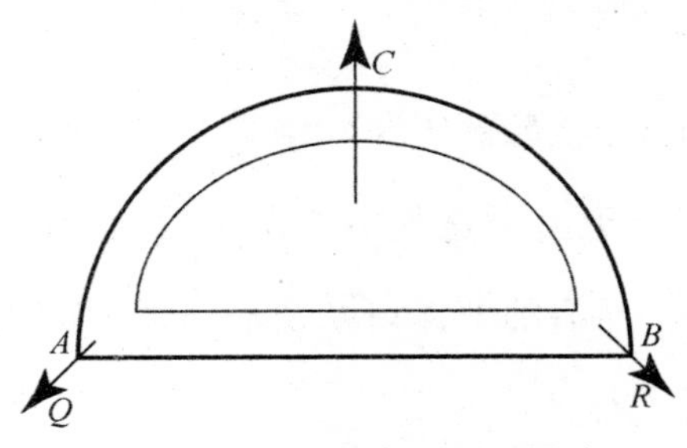

图 2 –5　为什么这个装置飞不起来

即使没有发现这两个离心力，也会知道他的实验是无法实现的。

2.8　火箭的重心在哪里

火箭在朝天空运动时，它喷出的气体在运动的时候会受到一定的阻力，如果我们假设它喷出的气体并不能到达地面，那么火箭奔向月球或其他星球的时候，它的重心是不和它一起上升的，也就是说火箭这个系统的惯性重心仍然停留在原地而没有动，飞到月球上的也只是火箭的一部分，其他部分都会朝着相反的方向运动，包括一些燃料和其他产物。

正是因为有一定的阻力，也就是气流对于地球大气的冲击，导致其惯性重心朝着相反的方向运动，也就使地球发生了一些移动。但是这种情况并没有违背惯性的重心定律。由于我们把地球放入整个火箭的系统里来讨论，所以地球和火箭这个巨大的系统的惯性重心是否发生偏移成了我们需要探讨的问题。

有的人可能认为，因为火箭的喷气发动动力比较强大，导致重心运动定律被破坏，也有航行家幻想过能不能只利用火箭的内力使它飞上月球，这种想法我们可以来解释一下。和地球的质量相比，火箭的质量小得不能再小，所以地球的移动是完全无法计算的，基本上可以算是不动，这个距离和火箭到月球的距离相比，也是小得不能再小，相差几百万亿倍。

火箭的重心在飞出之前是在地球上的，而如今它却跑到月球上了，所以对于重心运动定律的破坏，没有比这再明显的了！

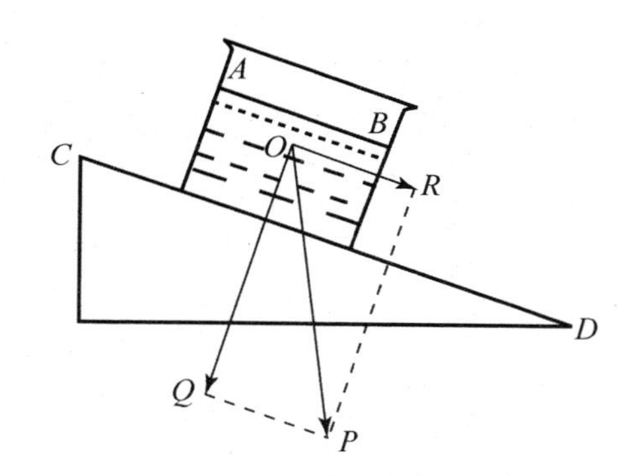

Chapter 3
重　力

3.1　用悬锤和摆能做什么

如果你是第一次在海边看到悬锤，那么你可能会觉得它是偏向大陆的，就像它偏向山脉的情况一样，但是并没有实验能够证明这一点。实验只能证明在重力的作用下，海洋和海岛上的重力加速度比海岸边大，这是很显然的，因为海洋下的组成要比大陆下的组成重。地质学家也是通过这样的物理知识向我们展示他们推测的地球的外壳是由岩石组成的。

这种研究方法，在查明“地磁异常区”的原因时，起到了很重要的作用。此外，物理学在许多跟它不相关的学科里的实际应用也有很多例子。

有的时候，利用很简单的仪器就可以得到很奇妙的结果。比如我们在科学实验中经常用到的悬锤和摆，这两个仪器虽然看起来简单，但是用它们可以做出你意想不到的事情。比如我们可以利用悬锤和摆深入地球的内心，从而得知在我们脚下几千米的地方是怎样的景象。想想现在世界上最深的钻井也只能够到达地下几千米，而通过悬锤和摆所探测的深度，我们就能知道几十千米以外的世界，这是多么可贵的科学成果啊！

在记录重力异常上，现在科学上还有一种比较精确的方法。人造地球卫星在高空或者地质密度大的地方进行飞行的时候，从理论上讲，由于质量比较大的物体产生的吸引力会使得人造地球卫星的飞行高度略微下降，所以这也会增加卫星的运动速度。而地球的不均匀构造以及非标准的球形，都会影响人造地球卫星的运动，因此不可能和理论上的结果相同。这个效应只能在卫星在很高的高空飞行不受大气阻力的影响进行正常运动的时候才能记录到。

在判断地球内部构造时，摆具有更大的功用。由摆的性能我们可以知道，如果摆动的幅度不超过几度，其周期即每一次摆动的时间，几乎跟摆幅的大小没有关系。无论大摆动还是小摆动，摆的周期都是不变的。摆的周期是跟摆的长度和地球这个位置上的重力加速度这两个因素有关的。在小摆动的时候，每一次摆过来又摆过去算一次全摆动，这一次全摆动所需的时间为周期 T，跟摆长 l 和重力加速度 g 之间的关系为：

$$T = 2\pi\sqrt{\frac{l}{g}}$$

这里，摆长和重力加速度应使用相对应的计量单位，如果摆长 l 的单位是米，那么重力加速度 g 的单位应该是米/秒^2。

研究地层构造的时候，我们使用“秒摆”，也就是向一个方向摆动一次，一来一去算两次，每秒摆动一次的摆，那么就能得出下面这个关系：

$$\pi\sqrt{\frac{l}{g}} = 1$$

因此

$$l = \frac{g}{\pi^2}$$

显然，一定要把它的长度增加或缩短，才能准确地一秒摆动一次，一切重力的变化都能影响到这种摆的长度，即使是小到原来重力的万分之一的重力变化，也可以用这种方法观测到。

我们可以通过下面的现象来解释如何用悬锤进行地下探测，这中间采用了力学的原理。悬锤在任何一点的方向都可以计算出来，不过这有一个前提就是地球是完全均匀的，但是这个前提是无法实现的，因为在地球的表面或者深处，不管哪里质量都不可能是均匀的，所以也就像图 3－1 中一样改变方向。举个例子，之前我们说到过，如果在高山的旁边，悬锤的方向会向山的一面偏斜，如果山的质量很大又离山很近，那么悬锤偏斜得会更加厉害，如图 3 – 2 所示。不过相反的是，对悬锤产生的作用还有另一个力，那就是排斥力，这个排斥力是因为地层里有空隙，这个排斥力就是这些空隙被填满后产生的力的作用，这是对悬锤的引力，所以悬锤会被四面八方的力吸引，这样看来，悬锤受到很多力的作用，但是吸引力会大于排斥力，这与地球基本地层的密度和蕴藏物质密度不同有关，正是因为这一原理，地质勘查经常用悬锤这个工具来进行地球内部结构的判断。

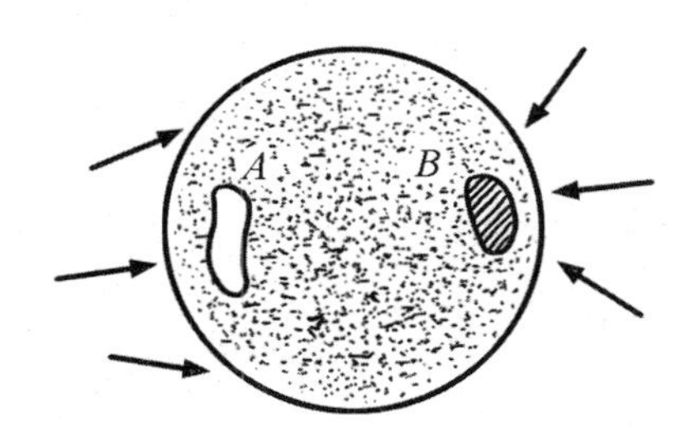

图 3 –1　底层里的空隙 *A* 和密层 *B*，都能使悬锤偏斜

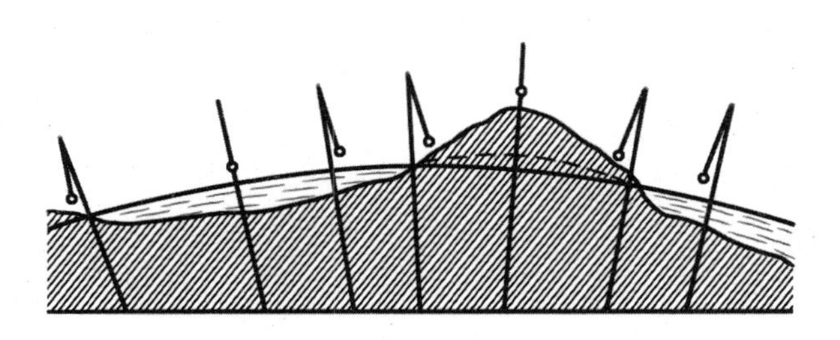

图 3 –2　地表剖面和悬锤的方向变化

上述例子我们并没有用悬锤和摆做很复杂的技术研究，只是列举了几个有趣现象的结果和相应简单的解释，来让你明白悬锤和摆的作用。

3.2　水中的摆锤

[**题**] 挂钟的摆锤是呈流线型摆动的，如果将它的钟摆放到水中，水对摆锤的阻力几乎可以忽略不计，那么摆在水中与空气中相比，是摆得更快还是摆得更慢呢？摆锤的摆动周期会有怎样的变化呢？

[**解**] 水的阻力是很小的，摆在这样小阻力的介质中摆动，似乎并没有什么力量可以改变它的速度，但是实验证明，摆的摆动在这种条件下，用介质的阻力解释并不可行，因为它摆动的还要慢一些。

若要解释这样的现象，让我们来看，在水中的物体会受到水一定的排挤作用，这个作用并没有改变摆的质量，虽然看起来好像减少了摆的重力。所以将摆放进水里可以类比为将摆放到重力加速度比较弱的行星上，如果是这样的话，我们就可以用前面的公式来解释这样的情况，根据公式 $T=2\pi\sqrt{\frac{l}{g}}$ 可以看出，如果重力加速度变小，摆锤的 l 是不变的，那么摆动周期会变长，即摆动得会变慢一些。

3.3　在斜面上

在摩擦力的作用下，如果水箱在斜面上匀速滑下去，那么它的水面会变成什么样呢？

根据经典的相对论，在机械现象方面，匀速运动不可能产生非静止状态的变化。我们不难看到，水面在这种水箱里是水平的而不是倾斜的。下面让我们看一个实际的题目来解释里面存在的原理。

[题] 我们将一只装好水的容器放在斜面 *CD* 上（图 3－3），如果斜面和容器都不动，那么 *AB* 水面也是水平不动的。如果假设 *CD* 斜面是光滑的，把容器从上面滑到下面，容器里的水平面 *AB* 是否还会保持水平不动呢？

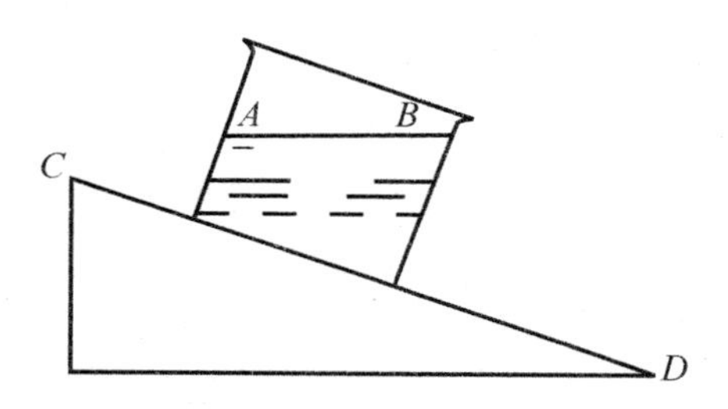

图 3－3　装着水的容器沿着斜面滑动，水面会变成什么样子

[解] 经过实验我们知道，在没有摩擦的地方运动，水面在容器里的平面是和斜面平行的。这是为什么呢？

我们可以利用力的分解来解释这个现象。如图 3－4 所示，把物体看作一个质点，其重力 *P* 可以分解为两个分力，即 *Q* 和 *R*。我们将容器从上向下滑的时候容器和水的速度是一样的，这样在斜面上移动时水对容器内壁的压力和静止时的也应该是一样的，那也就是说分力 *Q* 对水的作用和静止的时候的作用是一样的，重力也是不变的，所以水面应该是和分力 *Q* 垂直，即和斜面是平行的方向。由于容器在斜面上进行匀速运动的时候，容器壁质点并不产生什么加速度，所以质点在力 *R* 的作用下，产生压向容器前壁的力。因此，水的每个质点是在两个压力 *R* 和 *Q* 的作用之下，这两个压力的合力 *P* 正是质点的重力垂直方向的作用。这就是水面在这个情况下之所以与斜面平行的道理。

不过在运动刚开始的时候，水面在短时间内是倾斜的，这时候容器还未达到不变的速度，还在进行加速运动。

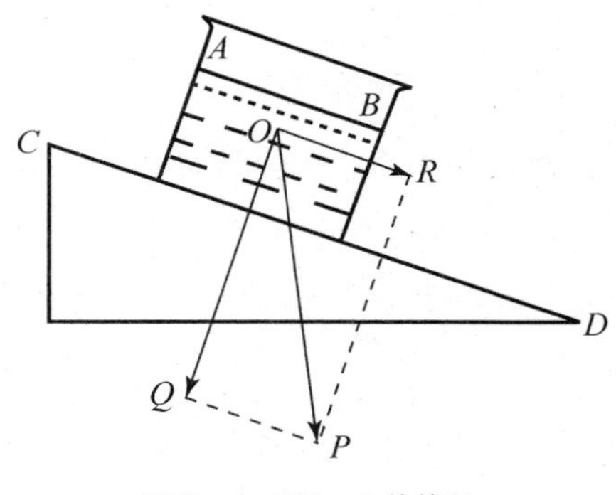

图 3－4　图 3－3 的答案

3.4　水平线何时不“水平”

当你在水平的道路上行走的时候，或者只是站在一片完全水平的地板上时，你会觉得好像地面并不是水平的，身体会不自觉地倾斜。这种奇异的现象在火车上也会碰到，比如当火车快要进站或出站时都会逐渐减（加）速行驶，在火车运动的方向上，我们似乎感觉地板低了下去，当我们沿着火车前进的方向行走的时候，好像是走向低处，而往相反的方向走的时候，又好像是走向高处。通常，凡是减速运动的车辆里，都会发生这样的情况。

假设 3.3 节的实验中，放在没有摩擦的斜面上的容器里，装的不是水，而是一个拿着木匠干活时用的水平器的人，那么他的身体会贴向水平的容器底部，就和他静止时的状态是一样的。这说明，这个人感觉倾斜的容器底面对于他是水平的。而原本是正常的水平方向上的东西在他看来却变为了倾斜的。此时，在他的眼中，会出现不寻常的现象，原本在水平面上的房屋和树木都变成斜着的了，连池塘的水面也是倾斜的，世界上所有的东西在他看来都是斜的。容器里的人一定会觉得自己的眼睛出了问题，如果他把水平器放在容器的底面上，仪器会清楚地告诉他底面是水平的，所以对于容器里的人来说，他所谓的水平和我们站在正常地面上的水平完全不一样。

这种状态下，只要我们自己没有意识到我们的身体和竖直状态有了偏移，那么我们就会认为其他的物体是倾斜的，这就好像坐在旋转木马上或是驾驶员在飞机转弯的时候看到周围的环境是倾斜的一样。

伽利略也曾有过类似的经历，他也给出了相应的解释：

假设我们之前在斜面上放着的盛水的容器现在并不是在做简单的匀速运动，而是一会儿做加速运动，一会儿做减速运动，这样运动后，容器里的水并不能和容器的运动保持一致。当容器的运动减速时，水还保持着之前的速度，向前面流去，所以前面的水高度会高一些。假如容器的运动加速时，水却还保持着之前缓慢的运动，那么后面的水就会显得高一些。

这样的解释在现实中的情况可以表现出来，不过我们也可以从量上进一步证明这样的现象和假设。这才能真正解释这个现象的科学原理。

因此，这里应该是对脚底下的地板已经不再是水平的所说的解释，这个解释可以使我们对这个现象从量上来考虑，更加精准了这个结果，如果用一般的解释来研究这种现象，很多细节我们便无从而知。举例来说，假如火车从车站开出时候的加速度是 1 米/秒^2，如图 3－5 所示，新旧两竖直线间的夹角 QOP，从三角形 QOP 不难得出，三角形里 $QP: OP = 1:9.8$，约等于 0.1，由于力跟加速度成正比，那么可以得出：

$$\tan\angle QOP = 0.1$$

$$\angle QOP \approx 6°$$

这就是说，悬挂在车厢里的重物，开车的时候应该作6度的倾倒。因此当我们在车厢里走动的时候，脚底下的地板仿佛也倾斜了6度，所以我们的感觉就和在6度的斜坡上行走时候的感觉是一样的。

这里，我们还可以做一个实验，来说明地板平面仿佛跟水平面有了倾斜的原因。做这个实验只要有一个盛着黏稠液体，比如装满甘油的杯子就够了。火车加速进行的时候，液体的表面会显出倾斜的样子。

如果你在下雨天观察火车进站，就会发现车顶上的溜水槽里的水流动方向是朝前的，然后火车开车的途中水却是流向后面的。水这样的运动是和火车加速度的方向有关的，在跟火车加速度相反的时候，相反方向的水就会升高。这种类似车辆溜水槽的例子无疑在我们的生活中会经常出现，让我们来看一下这有趣的现象其中的原因。这里我们选择坐在火车里的人作为研究对象，而不是火车外面静止的人。在火车里的人是与火车一起运动的，所以亲身参与到火车运动里的人看到的现象，相对来说是静止不动的。这时候如果火车加速运动，我们自己是相对静止的状态，会感到座位对身体有带动向前的作用，也就是座椅作用在身体上的压力。这时候就感到一个和火车运动方向相反的力 R，如图3－5所示，我们压向地板的重力 P 和力 R 的合力为 Q，这个时候的合力和水平 MN 的方向是垂直的，所以如图3－6所示，原来处于水平方向的 OR 就好像朝着运动方向升高了，而相反方向就降低了。

此时我们知道新的“水平”方向和液体原来的水平面并不是一致的，它是沿 MN 的［图3－7（a）］。这种条件下，原本在碟子里的液体又会怎么样呢？从图3－7（b）里可以清楚地看到，箭头的方向就是车辆行驶的方向，假如车按照新的水平方向倾斜，那么就不难知道为什么水会从碟子的后端

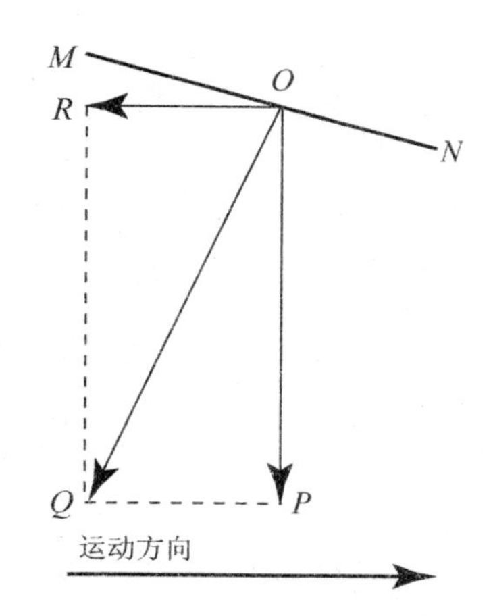

图 3 –5　火车开动时车厢里受到哪些力的作用

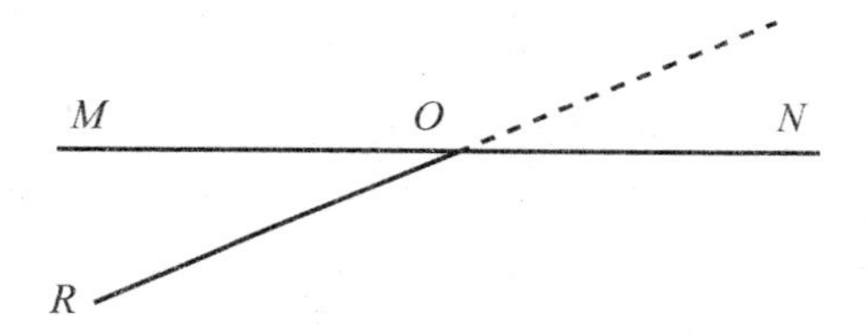

图 3 –6　为什么火车开动时，地面仿佛倾斜了

流出。同样也会明白为什么乘客们在开车的刹那会同时向后倒，这个现象一般都会被解释为我们的两只脚被车辆的地板带动，而头和身体还保持在原来的位置，所以上面的原理从另一个角度解释了这种现象。当然，读者也会发现这两种解释是由不同的观点产生的，一个是参与了运动的人所看到的现象，另一个则是在运动物体外面固定不变的人看到的现象。

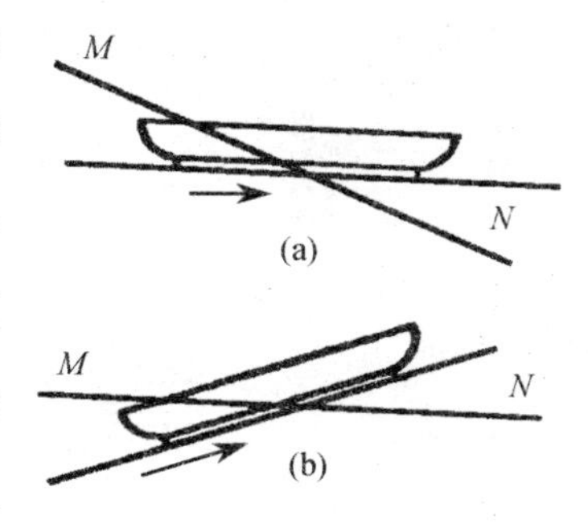

图 3 –7　为什么在启动的火车里液体会从碟子的后端溢出

3.5 有吸引力的山

在山地上，有时候人们会发现山有一种莫名的吸引力，能够把汽车吸引过去，这种视觉的欺骗相当常见，因而产生了不少传说。

在加利福尼亚就有这样的一座山，当地人都觉得这座山有一种魔力，觉得它具有磁性。在这座山的山脚下有一段路，大约长 60 米，而且是倾斜的，在这段路上有着异常的现象。如果汽车在这个斜坡上向下行驶的同时将发动机停止，车子会在斜坡上向高处后退，好像山里有某种吸引力将车子拉去（图 3 –8）。磁山这种惊人的性质被大家所认可，所以人们在公路的这一段上立了木牌，提醒那些路过的司机留意这个奇怪的现象，防止他们因为这个发生危险。

图 3 –8　加利福尼亚的磁山

当然也有一些人，他们对于山能够吸引汽车心存怀疑，为了进行验证，他们对这一段路进行了平准测量。最后发现，人们印象中以为是上坡的地方，测量后却发现竟是有 2 度斜度的下坡路，这样的坡度使得汽车熄灭发动机后也可以良好地在公路上行驶。这个结果让人感到十分意外。

3.6　流去山里的小河

小河旁的道路微微向下倾斜着，当我们沿着小河行走，如果小河的水面坡度比较小，河水几乎水平地流着，我们常常就会以为河水是顺着斜坡向上流淌的（图 3－9）。这是因为我们习惯将站立的平面当作判断的基准，这里我们把道路看成水平的，用这种基准判断别的平面也是倾斜的。

这一段摘录自一本生理学著作《外在的感觉》。

图 3－9　沿着河边微微倾斜的道路行走，步行者觉得河水在向上流

在书中有另外一段关于“外部感觉”的描述：

在许多情况下，我们判断某一个方向是不是向上倾斜、向下倾斜或者水平的时候往往会发生错误。譬如，当我们在一条向下倾斜的路上行进的时候，如果看到不远的地方有一条和这条路相交的道路，我们会觉得那条路有些陡峭，但是走上那条路的时候，却惊讶地发现它并不像我们想象中的那么陡峭。

一些旅行家谈到的河流的水沿着斜坡向上流动的现象，也可以用视觉上的错觉解释。之所以会产生这个错觉，是因为我们把正在走的路看成基本平面，用这个平面做基准去衡量别的方向的斜度。因此如果我们不自觉地把这个平面看成水平面，就会自然地把其他道路的倾斜程度放大。另一种错觉更有意思，即在地面不平的时候，小河看起来好像是往山里流去一样。

之所以会产生这样的现象，是因为在走路的时候，对于仅仅 2 度到 3 度的坡度，我们的肌肉是完全发现不了的。

3.7 平衡的铁棒

处于平衡状态的铁棒，大多是中央用线挂起来的，它要在水平的位置才能平衡。因此人们就作出了结论，认为贯穿在轴上的铁棒也只有在水平的位置上才能平衡。从这根铁棒正中心钻的孔里穿过一根细金属丝，金属丝一定要牢固，然后让铁棒转动，让它能够围绕着水平轴线转动，如图 3 – 10 所示。人们通常会回答说：水平位置是唯一可能维持平衡的位置，铁棒就停在这个位置。但是他们可能没有想到，如果在铁棒的重心给予一个支持的力量，铁棒可以在任何的位置平衡。

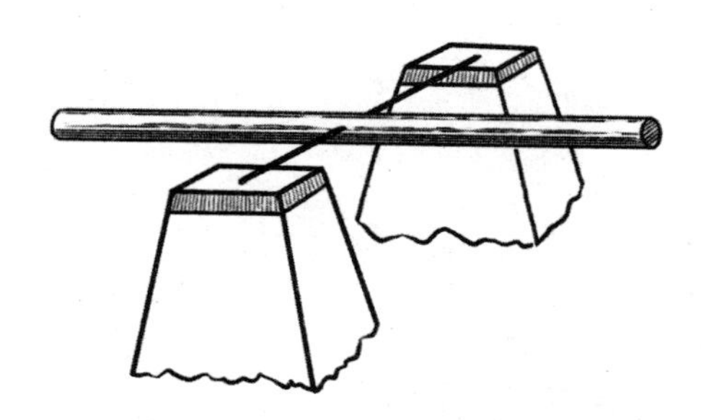

图 3 –10 铁棒在轴上保持平衡，如果转动铁棒，它会在什么位置停下来

不过前面提到的用线挂起来的铁棒和贯穿在轴上的铁棒，所需的条件并不相同。对于贯穿在轴上的铁棒，孔的位置正好是在铁棒的重心上；而悬挂在细线上的铁棒（图 3 – 11），悬挂点并不正好是在铁棒的重心上，而是要比重心的地方高出一些。所以可以看到如此悬挂的物体在倾斜的时候，重心就会离开竖直线，如图 3 – 11 右侧的小图所示。当静止的时候，铁棒就会停在水平位置。这个常见的情况却误导了很多人，使他们觉得铁棒在倾斜位置上平衡是不可能实现的。

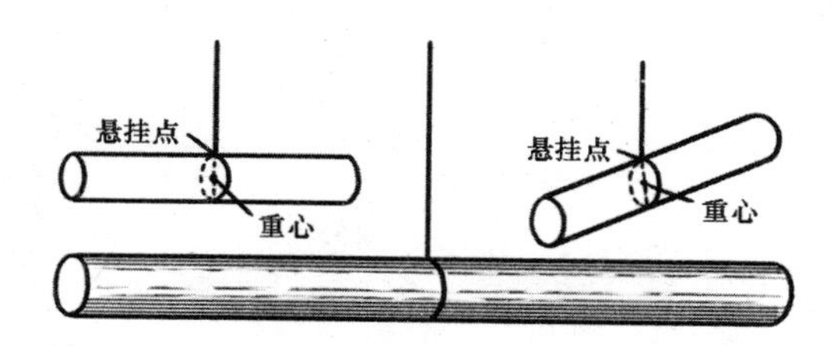

图 3 –11 为什么在中央用绳子吊起来的棒子会在水平位置保持平衡

Chapter 4

抛掷运动

4.1　跳球

童话中有这样一种跳球：一个中等大小的旅行箱中装有一个小气球和一套提供氢气的装置，你可以随时用这个装置把气球充满氢气，变成一个直径5米的气球，然后把自己吊在下面，就可以跳得又高又远（图4-1），但又不至于飞到空中去，因为人的体重还是略微要比气球的上升力大一点。

图4-1　跳球

当然，这个童话现在已经变为现实。我们不妨做个计算，看看人在使用这样一种“跳球靴子”以后，到底可以跳到多高。

我们做个非常态的假设，假如一个人的体重比气球上升之力大1千克，也就是说，在不考虑气球上升力的情况下，人的体重大约只有1千克，相当于一个正常人体重的$\frac{1}{60}$，他是不是还能跳到正常高度的60倍高呢？

地球对这个吊在气球下的人的引力约为1 000克，即10牛顿，而气球重约20千克，因此这10牛顿力作用在$20+60=80$千克的物体上，产生的加速度a应为：

$$a=\frac{F}{m}=\frac{10}{80}\approx 0.12\ (米/秒^2)$$

因为一个正常人一般情况下跳起的高度不会超过1米，所以我们可以通过$v^2=2gh$公式求出他的初速度：

$$v^2=2\times 9.8$$

因此

$$v\approx 4.4\ (米/秒)$$

而根据$Ft=mv$，我们可以发现无论人是否使用这个气球，F和t都是不变的，因此质量m和速度v应成反比，也就是说人在使用气球后自己跳起的初速度小于没有使用气球的时候，这两个速度之比应该与人的质量和人球总质量之比相同。因此人在使用气球的时候跳起的初速度为：

$$4.4\times\frac{60}{80}=3.3\ (米/秒)$$

再根据$v^2=2ah$的公式，可以求得跳起的高度h：

$$3.3^2=2\times 0.12\times h$$

因此

$$h\approx 45\ (米)$$

因此对于一个在正常条件下可以跳 1 米高的人来说，在使用气球的时候可以跳到 45 米的高度。

由 $h=\frac{at^2}{2}$公式，在加速度为 0.12 米/秒^2 时，跳到 45 米高所需的时间也很有趣：

$$t=\sqrt{\frac{2h}{a}}=\sqrt{\frac{9\ 000}{12}}\approx 27\ （秒）$$

所以整个跳跃过程（包括上升和落地），一共需要 54 秒。

而正是这么小的加速度，才使得跳跃的过程变得很缓慢自由，假如不使用气球，我们只能在某个重力加速度仅有地球$\frac{1}{60}$的小行星上才能体会到这种感觉。

以上计算是在忽略空气阻力的情况下所得的结果，而在考虑空气阻力的情况下进行跳跃，跳起高度和所花时间其实都要比真空状态下所得的值小。通过理论力学的一些公式，我们就可以计算出考虑空气阻力因素时，跳起的最大高度和所花时间。

下面我们再来计算一下使用这个气球后所能跳出的最远距离。假如人在跳远时与水平线所成夹角为 α，而跳远的初速度为 v（图 4 -2）。

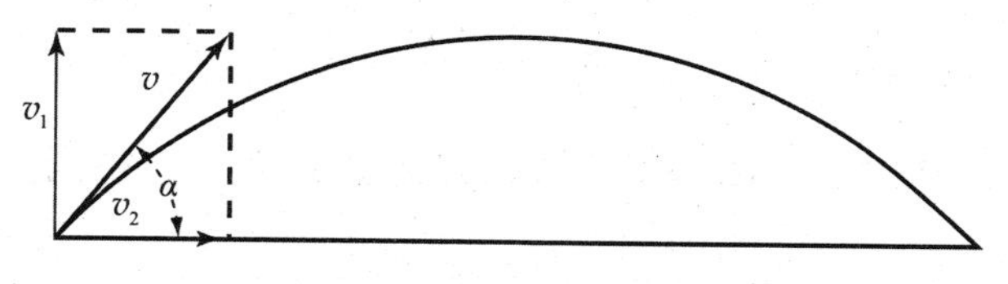

图 4 -2 与水平线成一定角度跳出的人的飞行路线

我们可以对这个 v 进行分解：分别为垂直分速度 v_1 和水平分速度 v_2：

$$v_1=v\sin\alpha$$

$$v_2=v\cos\alpha$$

假设人上升时间为 t 秒，此时：

$$v_1 t - at = 0 \text{ 或 } v_1 = at$$

所以

$$t = \frac{v_1}{a}$$

因此人上升和下落的总时间为：

$$2t = \frac{2v\sin\alpha}{a}$$

在人上升和下落的整段时间内，水平分速度 v_2 保持不变，因此人在水平方向上匀速运动，在这段时间内人的前进距离（跳远距离）为：

$$S = 2v_2 t = 2v\cos\alpha \cdot \frac{v\sin\alpha}{a}$$

$$= \frac{2v^2}{a}\sin\alpha\cos\alpha$$

$$= \frac{v^2\sin 2\alpha}{a}$$

由于正弦的最大值为1，所以当 $\sin 2\alpha = 1$ 的时候，距离最大。这时，$2\alpha = 90°$，$\alpha = 45°$。这意味着，在没有空气阻力的情况下，人沿与地面成45°角的方向跳出，可以跳到最远距离，即

$$S = \frac{v^2\sin 2\alpha}{a}$$

把 $v = 3.3$ 米/秒，$\sin 2\alpha = 1$，$a = 0.12$ 米/秒^2 代入，得到：

$$S = \frac{3.3^2}{0.12} \approx 90 \text{（米）}$$

如图4－3所示，在使用气球以后，人既可以跳到45米高，也可以跳到90米远，跳过几层楼的房子都轻而易举了。

我们也可以动手做一个模拟的跳球，在一个儿童玩具氢气球下挂一个

纸做的小人，并且重力略大于气球的上升力。完成以后只要轻轻碰一下纸人，它就会跳得很高，再慢慢落下。虽然这个时候起跳速度比较小，但是空气阻力还是要比真人跳跃的情况下大一点。

图 4 -3　系着跳球跳远

4.2　人肉炮弹

所谓“人肉炮弹”，其实是指在杂技节目中，把演员从一座大炮的炮膛中发射出去，落到距离大炮 30 米的网上（图 4 -4）。

图 4 -4　杂技表演里的“人肉炮弹”表演

其实这里所说的“大炮”和“发射”有点危言耸听，都不算是真的。即使在发射那一刻炮口会冒出浓烟，那也只是表演的效果，演员才不是被火药的爆炸威力抛射出去的。事实上，演员是通过弹簧来把自己抛掷出炮口，此时加上浓烟的配合，就有点以假乱真，让人以为演员真的成了一个“人肉炮弹”了。

图 4 –5 就是对这个节目的图解。以下是著名“肉弹”演员莱涅特所提供的与表演相关的数据：

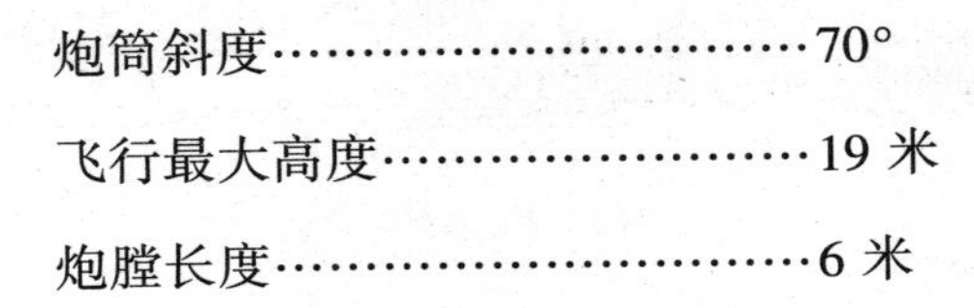

炮筒斜度……………………………70°

飞行最大高度………………………19 米

炮膛长度……………………………6 米

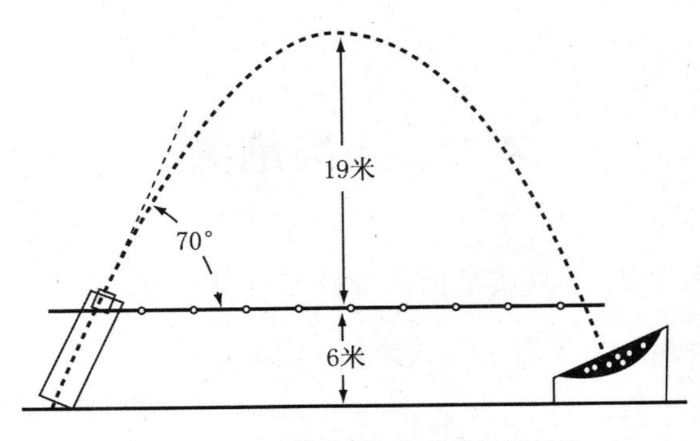

图 4 –5　“人肉炮弹”飞行轨迹示意图

其实在表演的时候，演员身体会有一些特别的感受，如在发射的那一刻，会有一种压力加在他身上，就像超重的感觉；而在空中飞行的时候，会有失重的感觉[①]；当落到网上的那一刻，又会重新体验超重的感受。这些感觉很奇妙，不过对演员的健康是没有影响的。其实在宇宙空间当中做火箭航行的宇航员，也有同样的体验。

---

① 参见本书作者的另外两本著作：《趣味物理学（续编）》和《行星际的旅行》。

飞船发射不久，发动机开始工作，这时飞船尚未进入轨道，以不断增加的加速度做变速运动，此时飞行员会有超重的感觉，即觉得自己的重量增加。而当飞船进入轨道，发动机关闭，飞行员就会进入失重状态。在苏联的第二颗人造地球卫星上就有一位特殊的乘客也体验了这短暂的超重与好几天的失重状态，那就是著名的小狗——莱卡。

对于“人肉炮弹”节目的演员来说，也分为几个阶段。

第一个阶段是他还处在炮膛当中的超重状态，我们要想知道他这个时候的重量到底比原来的体重超出几倍，首先要求出在这过程当中的加速度。而要求得加速度，我们还得知道物体的路程（即炮膛长度），和这个过程的末速度（也就是演员离开炮口瞬间的速度）。已知炮膛长 6 米，而末速度可以转化为求一个上抛物体在 19 米高时的速度。根据 4.1 节中我们所求出的公式

$$t=\frac{v\sin\alpha}{a}$$

其中，t 为上升时间，v 为初速度，α 为物体抛出的倾斜角度，a 为加速度。

又因为

$$a=g$$

$$h=\frac{gt^2}{2}=\frac{g}{2}\times\frac{v^2\sin^2\alpha}{g^2}$$

因此速度 v 为：

$$v=\frac{\sqrt{2gh}}{\sin\alpha}$$

把 $g=9.8$ 米/秒^2，$\alpha=70°$，高度 $h=19$ 米代入，所求速度为

$$v=\frac{\sqrt{2\times 9.8\times 19}}{0.94}\approx 20.6\text{（米/秒）}$$

把所求出的速度 v 代入公式 $v^2=2aS$，我们就可以求出加速度大小：

$$a=\frac{v^2}{2S}=\frac{20.6^2}{12}\approx 35\text{（米/秒}^2\text{）}$$

再根据这个相当于重力加速度 $3\frac{1}{2}$倍的加速度，我们就可以通过计算知道，演员此时感觉自己的体重是原来的 $4\frac{1}{2}$倍，即增加了 $3\frac{1}{2}$倍的“人造重量”的压力。

根据公式 $S=\frac{at^2}{2}=\frac{at\cdot t}{2}=\frac{vt}{2}$，我们可以求出超重过程持续的时间。

由

$$6=\frac{20.6\times t}{2}$$

得到

$$t=\frac{12}{20.6}\approx 0.6\text{（秒）}$$

这对演员来说，就是在约半秒的时间里，觉得自己有 300 千克重，而不是 70 千克。

这个方法还可以应用到第二个自由飞行的失重阶段中。这一阶段会维持多长时间呢？

在 4.1 节当中我们曾提到，这个自由飞行的时间为

$$\frac{2v\sin\alpha}{a}$$

我们代入各个已知的数值，便能求出这个持续的时间，应为：

$$\frac{2\times 20.6\times \sin 70°}{9.8}\approx 3.9\text{（秒）}$$

也就是说，演员会在大概4秒的时间内觉得自己处于没有任何重量的失重状态。

第三个阶段与第一个阶段相同，处于超重状态。而这一阶段的时间又为多久呢？假如网和炮口同高的话，演员落在网上的瞬间就应该跟他飞行的速度相同，但在现实中，网会放在稍微比炮口低一点的地方，因此演员的下落速度也会稍大，但不会相差太大。方便计算起见，我们暂且就把这一差别因素忽略。所以我们还是假设演员是以20.6米/秒的速度落在网上的，而经测量落网的深度为1.5米。这意味着，在这1.5米的距离中，演员的速度从20.6米/秒变成了零。假设这个过程当中的加速度不变，由公式$v^2=2aS$得到：

$$20.6^2=2a\times1.5$$

因此，加速度

$$a=\frac{20.6^2}{2\times1.5}\approx141\ (\text{米/秒}^2)$$

也就是说，在这个阶段中，演员是以约为重力加速度14倍的加速度完成落网过程的，而这个使他感觉自己体重增加了14倍的过程只持续了

$$\frac{2\times1.5}{20.6}\approx\frac{1}{7}\ (\text{秒})$$

所以幸亏这个时间极为短暂，否则即使是经过训练的演员，也很难承受得住这突然增加的14倍质量。你可以想象一个体重70千克的人却要承受重达一吨的质量，时间稍长的话，根本承受不起，或者会因此受重伤。

4.3 飞速过危桥

在凡尔纳的小说《八十天环游地球》中有这样一个惊险的故事：洛杉矶上有一座铁路吊桥，由于年久失修，桥架已损坏，随时都有坍塌的危险。勇敢的司机却打算把载着旅客的列车送过吊桥（图4－6）。

图4－6 儒勒·凡尔纳小说里的过危桥

“这座桥随时都会崩塌啊！”

“是这样，但假如我们用最大的速度的话也许可以开过去。”

于是，在不可思议的高速下，列车向吊桥飞奔过去。发动机的活塞以每秒20下的速度运转着，车轴已经在冒着滚滚浓烟，列车就如漂浮在铁轨上，仿佛重力已被速度所抵消掉。列车急速地飞过吊桥，成功地从一边飞到了另外一边。然而列车刚到达另一边，大桥就在他们身后轰然倒塌，落入水中。

这段故事的真实性如何？“重力”真的可以“被速度抵消”吗？根据常识，火车在疾驶时比慢行时对路基造成的压力更大，因此在路基不稳定的路段列车都要放慢行驶速度。在这个故事中，司机却恰恰反其道而行之，用高速来解决问题，这真能做到吗？

其实这样的描写也不是毫无根据。只要列车能在极短的时间内开过桥面，即使此时车身下的桥梁正在倒塌，列车也可以安然无恙。因为在短暂的片刻，桥还没来得及塌下，车就已驶过。不相信的话我们可以做这样一个计算来证明：因为列车的主动轮直径为 1.3 米，“发动机的活塞以每秒 20 下的速度运转”意味着主动轮每秒转 10 周，即火车每秒可以走出（$10\times 3.14\times 1.3$）米，就是 41 米。假设桥的长度为 10 米，那么列车在这样的高速下只需要$\frac{1}{4}$秒就可以开过桥面。即使在列车过桥的瞬间桥梁就开始倒塌，但倒塌的那一端在$\frac{1}{4}$秒之内落下了：

$$h=\frac{gt^2}{2}=\frac{1}{2}\times 9.8\times\frac{1}{16}\approx 0.3\ （米）$$

可见，在这么短的瞬间内桥梁才来得及跌落 30 厘米，而待到另一端也随之断裂跌落的时候，列车早已驶过危桥。因此，就有了“重力被速度抵消”的情况。

但是这个故事最为可疑的地方就在于“发动机的活塞以每秒 20 下的速度运转”，要知道这样产生出的 150 千米/小时的速度，当时的机车根本不可能达到。

有时候溜冰遇到薄冰，溜冰者会选择加速溜过去，因为如果缓慢滑过冰面可能会破裂，这其实是同一个原理。

这个原理也同样适用于过拱桥，在过桥的时候如果加速，也会使物体对桥面的压力减小。

4.4 三条路线

[**题**] 这是一个画在竖直墙面上的圆圈（图 4 - 7），直径 1 米。弦 *AB* 和 *AC* 分别为两道滑槽，在 *A* 点同时放下三颗弹丸，一颗自由下落，其他的两颗分别沿滑槽滑下（没有摩擦和滚动），请问哪颗弹丸最先触碰到圆圈。

[**解**] 很多人都会认为，因为滑槽 *AC* 路程最短，所以沿它滑下的弹丸最先到达，同理，*AB* 槽中的应该获第二，而自由下落的弹丸则落后。

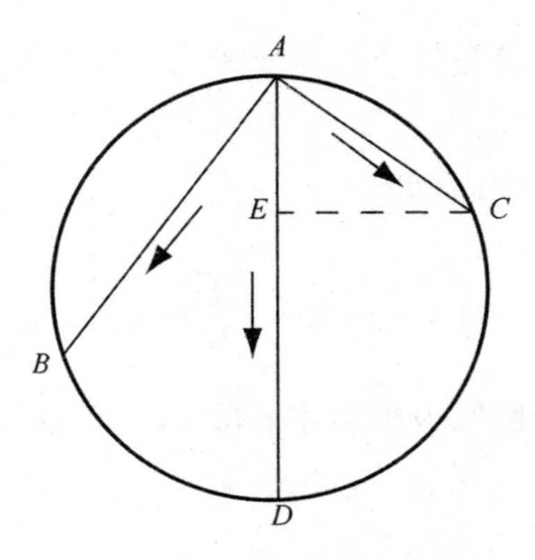

图 4 -7　三颗弹丸的题目

可是实验将证明你的猜想其实是错误的，实际情况是：三颗弹丸同时到达。

这是因为，三颗弹丸不但路程不同，它们的速度也各不相同。速度最快的是自由下落的弹丸，而滑槽 AB 由于坡度较陡，所以沿它下滑的弹丸速度次之，而路程最短的 AC 滑槽中的弹丸，反而是速度最慢的。速度路程两相结合，就得出了同时到达的结果。

忽略空气阻力，我们可以算出垂直下落的小球所用的时间：

根据

$$AD = \frac{gt^2}{2}$$

得到

$$t = \sqrt{\frac{2AD}{g}}$$

而沿弦 AC 下滑的运动时间 t_1 等于

$$t_1 = \sqrt{\frac{2AC}{a}}$$

其中 a 是在滑槽 AC 中运动的加速度。又因为

$$\frac{a}{g} = \frac{AE}{AC}$$

所以

$$a = \frac{AE}{AC} \cdot g$$

从而

$$a = \frac{AC}{AD} \cdot g$$

得到

$$t_1 = \sqrt{\frac{2AC}{a}} = \sqrt{\frac{2AC \cdot AD}{AC \cdot g}}$$

$$= \sqrt{\frac{2AD}{g}} = t$$

即 $t = t_1$，这意味着，弦 AC 和直径上的运动时间相等。当然这还适用于从 A 点出发的任何一条弦。

这个问题还可以换个说法。如图 4 –8 所示，在竖直的圆上有三个物体分别从 A、B、C 三点，在重力作用下同时沿弦 AD、BD 和 CD 运动。请问何者首先到达点 D？

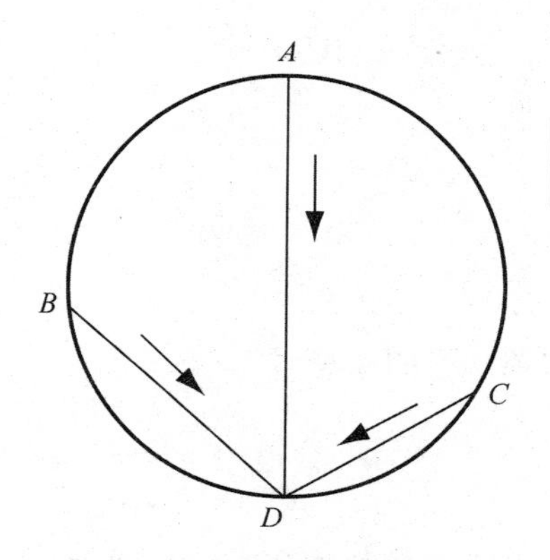

图 4 –8　伽利略提出的问题

相信你们都可以用同样的原理证明出：三者同时到达。

其实这是个经典的题目，首先在伽利略的《关于两门新科学的对话》一书中被提出并解答，而正是在这本书当中，他首次提出了关于物体下落的定律：“如果在一个比地平线高的圆当中，从其最高点引出到达圆周的不同倾斜平面，则物体从这些面上落下的时间相等。”

4.5　四块石头的问题

［**题**］假如在一座塔顶上，分别向竖直的上下、水平的左右四个方向，以相同的速度同时掷出四块石头。你知道在落下的过程当中，这四块石头

形成的四角形是什么形状吗?(忽略空气阻力。)

[**解**] 很多人都以为石头在空中应该形成一个像风筝一样的形状,因为上抛的石头速度要慢于下落的石头,而向两旁掷出的石头速度介于两者之间,并沿曲线飞出。但是这个想法忽略了一点:就是四边形的中心点的下落速度如何。

这时如果我们换一个思路,恐怕会豁然开朗:我们先假设根本没有重力的存在。

此时毫无疑问,这四个石头在下落过程的每一个瞬间都应该形成正方形的四个顶点。而当我们再重新把重力作用考虑进来的时候,会发现物体在没有阻力的介质当中,下落速度本来一样。所以即使有了重力的作用,这四块石头落下的距离依然相等,即正方形将平行移动,不改变形状。

因此,掷出的石头形成的应该始终是一个正方形的形状。

下节是另外一个类似的题目。

4.6 两块石头的问题

[**题**] 假如在一座塔顶上,分别向竖直向上和竖直向下两个方向,以3米/秒的速度同时掷出两块石头。你知道它们互相离开的速度是多少吗(忽略空气阻力)?

[**解**] 用上节所说的思路,我们很快就可以找到答案:这两块石头正是用3+3=6米/秒的速度互相离开的。虽然你可能还是感到惊异,但事实的确如此,落下的速度与所求其实并没有什么关系,而且这不仅适用于地球,也适用于所有天体。

4.7 掷球问题

［题］一个球员把球向与他相距28米的同伴掷去，球在空中飞行的时间为4秒，请问球飞行的最大高度是多少？

［解］在球运动的这4秒内，其实同时包含了一个水平方向以及竖直方向的运动。在竖直方向的运动中，由于上升和下落时间应该相等，所以球上升和下落各用了2秒。可以求出球上升的最大高度为：

$$S=\frac{gt^2}{2}$$

$$=\frac{9.8\times 2^2}{2}$$

$$=19.6\text{（米）}$$

可见，我们通过时间就求出了球运动的最大高度，而题中所说的28米距离，其实根本不需要。

另外由于速度不是非常快，在这里我们可以暂且忽略空气阻力的影响。

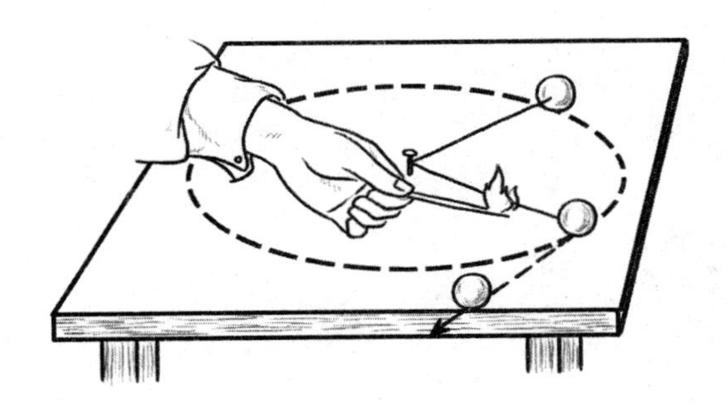

Chapter 5
圆周运动

5.1　向心力

为了利于我们后面的介绍，下面不妨用一个例子来帮助我们理清概念。

如图 5－1 所示，假设有一条足够长的线和绝对光滑的桌面，我们用线把小球系在桌面中央的一颗钉子上，然后弹动小球给它一个初速度 v，在线未被拉直之前，小球将在惯性作用下做直线运动。而一旦线被拉直，小球将开始以大小一定的速度做圆周运动，圆周中心为钉子所在位置。如图 5－2 所示，如果此时我们把线烧断，在惯性作用下，小球将沿圆周的切线方向飞出（这个现象不难理解，如果你用一块钢铁去触碰磨刀的砂轮，会看到火星将沿着砂轮的切线方向飞出）。根据牛顿第二定律，力的方向与加速度的方向相同，大小成正比。由此，我们可以发现小球是由于线的张力而摆脱惯性，做直线匀速运动的。所以，正是线的张力给小球提供了一个加速度，而这个加速度的方向与力的作用方向相同，即指向圆周中心的钉子。因此，在圆周运动的过程当中，使小球背离圆心的惯性作用力和使小球靠

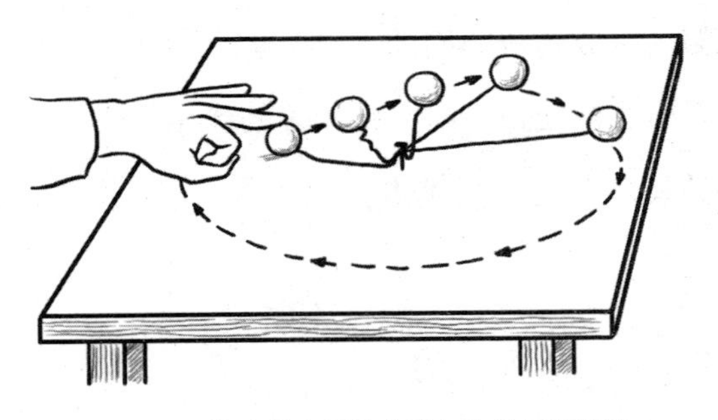

图 5－1　拉直线之后使小球匀速做圆周运动

近圆心的线的张力相平衡，使得小球以大小不变的加速度做圆周运动，而线的这个张力就是向心力。它的加速度也被称为向心加速度。

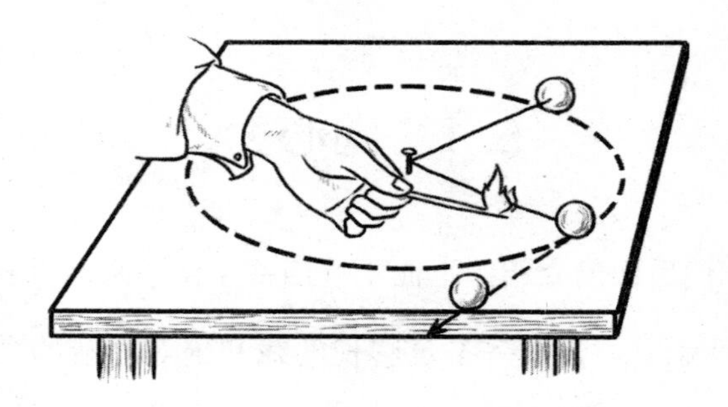

图 5-2　线被烧断后，小球沿圆周的切线飞出去

假设圆周运动速度为 v，圆周半径为 R，则向心加速度 a 为：

$$a=\frac{v^2}{R}$$

根据力学第二定律，向心力为

$$F=m\frac{v^2}{R}$$

假设做圆周运动的小球在某一瞬间处在 A 点，如果这时烧断细线，小球会在惯性作用下沿圆周的切线方向飞出，经过较短的时间 t 后到达 B 点，如图 5-3 所示。则小球在这段时间内经过的路程 $AB=vt$。而在细线没有被烧断的情况下，小球在向心力（即线的张力）的作用下会继续做圆周运动，在相同的时间间隔 t 后会到达圆周的 C 点。过 C 点作 OA 的垂线于 D，得到的 CD 长度相当于小球在受到与向心力相等的作用力下走过的路程，我们用初速为 0 的匀加速运动公式可以求出：

$$AD=\frac{at^2}{2}$$

其中，a 是向心加速度。由勾股定理：

$$OC^2=OD^2+DC^2$$

又

$$DC = AB = vt$$

$$OD = OA - AD = R - \frac{at^2}{2}$$

$$OC = R$$

因此

$$R^2 = \left(R - \frac{at^2}{2}\right)^2 + (vt)^2$$

$$R^2 = R^2 - Rat^2 + \frac{a^2t^4}{4} + v^2t^2$$

$$Ra = \frac{a^2t^2}{4} + v^2$$

因为这个时间间隔 t 非常小，所以$\frac{a^2t^2}{4}$ 也很小，可以忽略不计，整理等式我们就得到：

$$a = \frac{v^2}{R}$$

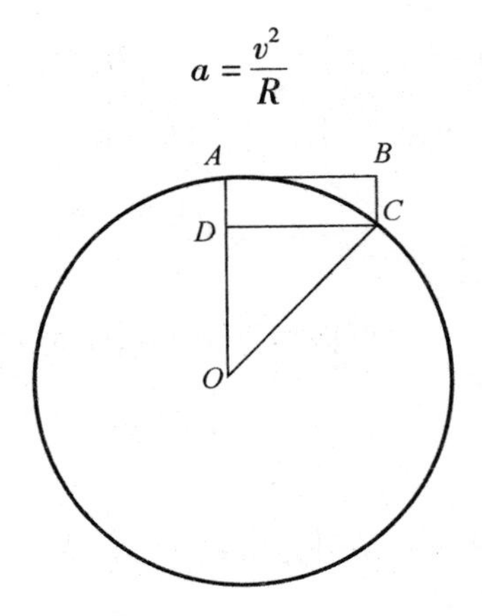

图 5 –3　推导向心速度的公式

5.2 第一宇宙速度

众所周知，在地球的引力作用下，所有离开地面的物体最后还是要跌落回地面上，但是为什么从地面发射的人造卫星却不会跌落回地面上呢？这是因为，把卫星送上轨道的多级火箭为它提供了约为 8 千米/秒的巨大速度。

在如此大的速度下，物体将成为人造卫星而不再跌落回地面。地球引力对它的作用使它的运行轨道曲率发生变化，从而成为一个围绕地球运转的封闭椭圆形。

但在某些特定情况下，卫星还是可以围绕地球做圆周运动。使卫星做这种运动的速度可以通过以下这个圆周速度公式推导求出：

人造卫星在圆周轨道上的向心力是地球引力，假设用 m 代表人造卫星的质量，v 代表速度，R 代表轨道半径，则向心力 F 为：

$$F = m\frac{v^2}{R}$$

同时根据万有引力，F 也可以根据下面这个公式得出：

$$F = \gamma\frac{mM}{R^2}$$

其中，m 是地球质量，γ 是引力常数。

合并这两个等式得到：

$$\frac{mv^2}{R} = \frac{\gamma mM}{R^2}$$

所以圆周速度的大小为：

$$v=\sqrt{\frac{\gamma M}{R}}$$

假如卫星轨道距地球表面的高度是 H，地球半径是 r（图 5－4），则

$$v=\sqrt{\frac{\gamma M}{r+H}}$$

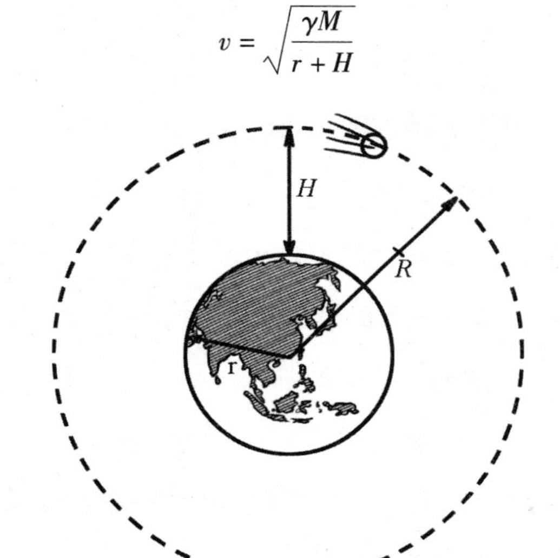

图 5－4 人造地球卫星的圆周轨道

又因为在地球表面，引力为 mg，根据万有引力定律有

$$mg=\gamma\frac{mM}{r^2}$$

所以

$$\gamma M=gr^2$$

因此，在地面上高 H 的空中，人造卫星的圆周速度为：

$$v=\sqrt{\frac{gr^2}{r+H}}$$

或

$$v=r\sqrt{\frac{g}{r+H}}$$

不过在这里，g 是地球表面上的重力加速度。

假如轨道所在的高度 H 远远小于地球半径 r，那可以把它忽略，因此简化后的圆周速度公式就变成：

$$v = r\sqrt{\frac{g}{r}} \quad 或 \quad v = \sqrt{rg}$$

把 $g = 9.81$ 米/秒^2，$r = 6\ 378$ 千米代入上式，我们就可以求出第一宇宙速度：

$$v = \sqrt{9.81 \times 10^{-3} \times 6\ 378}$$
$$\approx 7.9\ (千米/秒)$$

所以在理论上，在地球上空做圆周运动的人造卫星应该具有这个速度。但是事实上，卫星一般是无法在这个轨道上运行的，因为地球表面不平坦，而且大气阻力有很大的干扰。而假如我们把圆周轨道的高度升高，其速度又会相应减小。

5.3　增加体重的简便方法

当我们的亲友患病的时候，我们常常会祝福他们早日“增加体重”。如果这个增加是从字面意思来理解的话，恐怕你并不需要补充营养，注意健康就可以达到目标。实际上，你只需要坐上旋转木马，就可以简单快捷地实现“增加体重”。请看下面的计算。

如图 5－5 所示，MN 是旋转木马车厢的旋转轴，当木马开始旋转的时候，悬空的车厢与坐在上面的人都在惯性作用下有一个沿切线方向运动的趋势，以致车厢会远离旋转轴，形成倾斜的状态。此时我们可以把乘客的

图5-5 作用在旋转木马车厢上的力

体重分解成以下两个力：一个是向心力 R，方向水平指向旋转轴；另一个是乘客对座位的压力 Q，沿吊索方向向下，而这个力 Q 对于乘客来讲，感觉就是他们此时的“重量”。而这个感觉的“重量”等于$\frac{P}{\cos\alpha}$，其实大于他们真正的正常体重。要求出 P 和 Q 之间的夹角 α，应首先求出 R 的值，即向心力的大小。向心加速度为

$$a=\frac{v^2}{r}$$

其中，v 是车厢重心的速度，r 是圆周运动的半径，即车厢重心与轴 MN 之间的距离。设这个 r 为6米，旋转木马每分钟旋转4周，那么车厢每秒所经过的弧长是整个圆周的$\frac{1}{15}$。因此圆周速度计算如下：

$$v=\frac{1}{15}\times 2\times 3.14\times 6$$

$$\approx 2.5\ (米/秒)$$

所以向心加速度的大小为：

$$a=\frac{v^2}{r}=\frac{250^2}{600}$$

$$\approx 104\ （厘米/秒^2）$$

又因为向心力大小与加速度成正比，因此

$$\tan\alpha=\frac{104}{980}\approx 0.1$$

$$\alpha\approx 7°$$

则乘客感觉到的重量

$$Q=\frac{P}{\cos 7°}$$

所以

$$Q=\frac{P}{\cos 7°}=\frac{P}{0.994}$$

$$\approx 1.006P$$

这就是说，一个一般情况下重 60 千克的人，在坐上旋转木马以后体重会增加大约 360 克。

这个增加不算十分显著，这是由于旋转木马旋转速度比较慢。假如在半径很小而转速很快的离心机械上，这个增加的重量就会比较大了。一种名为“超离心机”的机器，每分钟旋转装置竟可旋转达到 80 000 转，使得物体的重量增加高达 25 万倍！这意味着，即使是最小的重 1 毫克的水滴，在这个机械上都将会成为$\frac{1}{4}$千克的重物。

这种机器的主要作用在于可以使被测试的人瞬间得到所需要增加的重量，这对以后的太空航行有很大意义，可以用于考察宇航员对超重程度的耐力。使用这种机器只需要选定一定的半径和旋转速度即可。其实经过实验，人们得出结论：在几分钟内承受自身体重四五倍的超重是可以接受并且对身体无害的，这表明人上太空的行为是安全的。

为了避免误解，在祝福患病亲友的时候，你最好还是改口祝“质量增加”而不要再说“体重增加”了。

5.4 无法实现的旋转飞机

某公园拟建造一座旋转飞机，有点类似于儿童玩具“转绳”，只不过是在绳子（或者杆子）的末端都装有模型飞机（图 5－6）。当绳子高速旋转的时候，会因为惯性飞离旋转中心，而末端的飞机以及上面的乘客就会因此被抬高。建造者本来想通过提高转塔的转速，使绳子与水平面平行。但是这个设计却无法实现，因为只有当绳子倾斜度显著的时候，乘客的安全才比较有保证。由于人体所能承受的最大安全重量是体重的 3 倍，根据这个原则，我们可以计算出绳子与竖直平面的最大倾斜角应为多少。

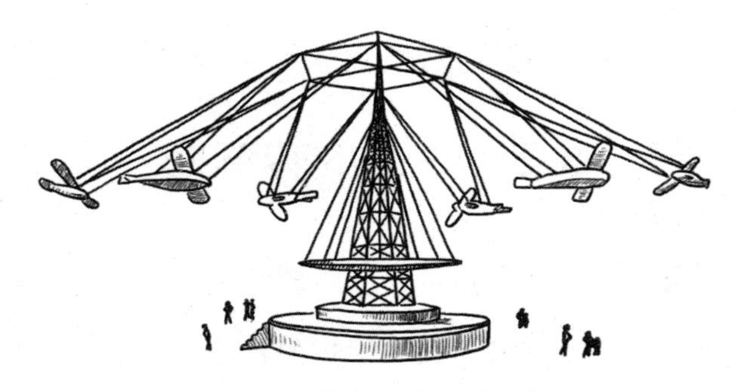

图 5－6　装有飞机模型的转塔

就如 5.3 节中的图 5－5，根据上述所说，我们可以得到关于人的感觉“体重”Q 与实际体重 P 的比值：

$$\frac{Q}{P}=3$$

由于

$$\frac{Q}{P}=\frac{1}{\cos\alpha}$$

因此

$$\frac{1}{\cos\alpha}=3$$

$$\cos\alpha=\frac{1}{3}\approx 0.3$$

得到

$$\alpha\approx 71°$$

这就是说，绳子至多偏离竖直线 71°，而与水平线应该至少保持 19°的夹角。

而图 5－6 中所画的这种旋转飞机，它的绳子显然还没达到倾斜度的最大值。

5.5 铁路的转弯处

坐火车的时候你有没有发现过这样一种奇怪的现象：当快速行驶的火车在转弯的时候，你会突然觉得铁路附近的物体，无论是树木、房屋或者是烟囱等都会变得倾斜呢？

如果你以为这是由转弯处本身的设计造成的，你就错了。虽然转弯处的外铁轨高于内铁轨，但假如你把头伸到窗外去观察，这种现象仍未消失。

其实你只要联系上节所说的内容，很快就可以找到对这种奇怪现象的正确解释：假如在火车里放置一个悬锤，你肯定会发现在火车转弯的时候，这个悬锤会呈倾斜状态，这意味着对坐在火车里的人来讲，对于他们呈竖直状态的平面，其实并不与地平面垂直。也就是说，原本竖直的事物，对于转弯中的火车而言，都变成了倾斜状态。

如图 5－7 所示，我们可以通过下面的计算得到乘客此时认为的竖直线方向：图中 P 为重力，R 为向心力，合力 Q 是乘客此时感觉的重力，车内物体都受到这个方向的力的作用。我们用下面这个式子求出这个方向与竖直方向的夹角 α：

$$\tan\alpha = \frac{R}{P}$$

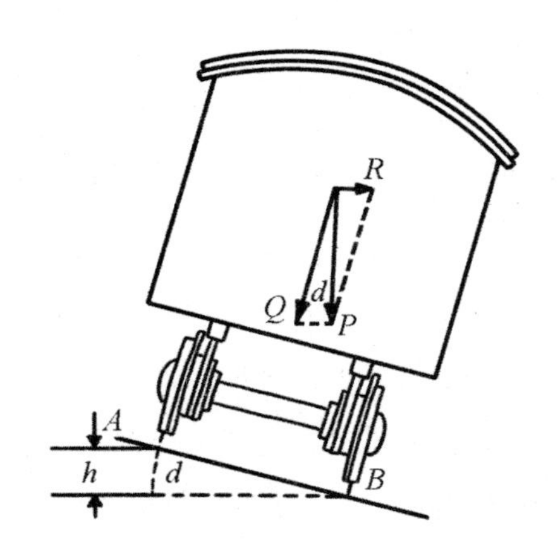

图 5－7　上图表示车子在转弯的时候受到的力，
下图表示路基截面的倾斜度

因为向心力 R 与$\frac{v^2}{r}$成正比，其中 v 表示火车速度，r 表示转弯处所在圆周的半径，而力 P 与重力加速度 g 成正比，因此

$$\tan\alpha = \frac{v^2}{r} \div g = \frac{v^2}{rg}$$

假设火车速度为 18 米/秒（即 65 千米/小时），转弯处所在圆周的半径为 600 米。就有

$$\tan\alpha=\frac{18^2}{600\times 9.8}\approx 0.055$$

所以

$$\alpha\approx 3^\circ$$

因此在乘客看来，这个实际上偏斜的方向仿佛就是竖直方向，而真正的竖直方向却被认为是有 3°偏斜角的方向。当火车行驶在弯弯曲曲的盘山铁路上时，乘客有时甚至会觉得窗外的竖直景物有 10°之多的偏斜角。

转弯处的外铁轨要比内铁轨高，是为了使火车在转弯的时候保持平衡，而这个高度差也跟上述的偏斜角有关系。譬如在上述的例子中，如图 5－7 所示，外铁轨 A 比内铁轨高出 h，则 h 应该满足以下等式：

$$\frac{h}{AB}=\sin\alpha$$

其中，AB 为两条铁轨的距离，约为 1.5 米；$\sin\alpha=\sin 3^\circ=0.052$。

所以

$$h=AB\sin\alpha=1\,500\times 0.052\approx 80\ (\text{毫米})$$

即在铺转弯处的铁轨时，外面的铁轨应该比里面的铁轨铺高 80 毫米。这个数值是固定的，无法随火车速度的变化更改，只能适用于特定的行驶速度。所以在铺设铁轨的时候，一般以普通列车的行驶速度为标准。

5.6　站不住的弯道

对于弯道曲率半径较大的铁路而言，我们一般不容易发现外铁轨比内铁轨要高。但对于弯道曲率半径较小的自行车竞赛跑道而言，这个倾斜的

设计却十分显著。

例如，速度为 72 千米/小时（即 20 米/秒）的自行车经过曲率半径为 100 米的弯道时，倾斜的角度满足以下式子：

$$\tan \alpha = \frac{v^2}{rg} = \frac{400}{100 \times 9.8} \approx 0.4$$

因此

$$\alpha \approx 22°$$

可以看到，人如果步行在这么倾斜的跑道上，是根本站不住的，但对于高速骑车的自行车运动员来说，这种设计的跑道才是最为平稳的。除了自行车竞赛跑道，汽车竞赛的专用跑道也是根据同样的原理设计的。

杂技表演中还有这么一个神奇的节目：演员骑在自行车上，以 10 米/秒的速度，在半径 5 米或更小的“漏斗”中打转。虽然表演的效果很不可思议，但其实这也是完全可以根据力学定律来解释的。这时候，“漏斗”弯道的倾斜度应该非常陡峭，我们可以计算一下：

$$\tan \alpha = \frac{10^2}{5 \times 9.8} \approx 2.04$$

因此

$$\alpha \approx 63°$$

所以说，不要以为这样一个杂技节目真的有多么神乎其技，对于这个速度而言，这样的状态才是最为平稳正常的。

5.7　倾斜的地面

你见过飞机在天空中猛烈倾斜急转弯吗？你是不是每每会为飞行员捏一把汗，怕他掉下来？实际上，这种担心是多余的。对于飞行员来说，飞机始终在天空中水平飞行，他甚至感觉不到飞机在倾斜。当然他不是一点感觉都没有，他会觉得体重增加，而且地面变成倾斜状态。

我们不妨做个推算，看看飞行员在急转弯时所看到的地面到底“倾斜”了多少度，而体重又“增加”了多少。

假设飞机以216千米/小时（即60米/秒）的速度在空中盘旋，旋转直径为140米（图5－8）。我们可以通过下面的式子计算出倾斜角 α：

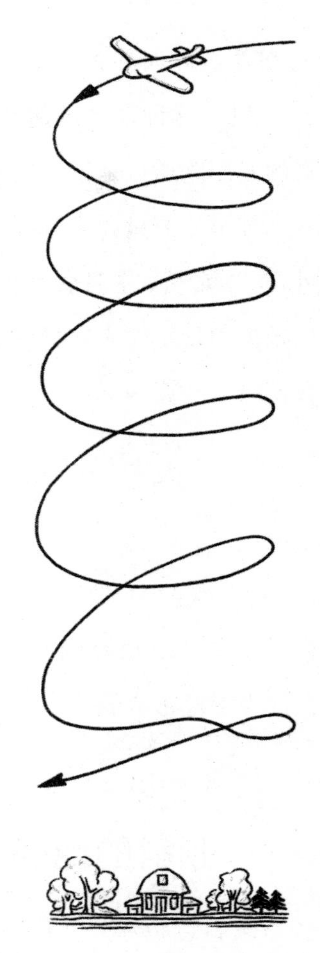

图5－8　飞行员在空中盘旋飞行

$$\tan \alpha = \frac{v^2}{rg} = \frac{60^2}{70 \times 9.8} \approx 5.2$$

因此

$$\alpha \approx 79°$$

可见倾斜角与竖直方向竟然只相差 11°，这就是说理论上这位飞行员所看到的大地，不仅是倾斜这么简单，几乎已经是竖直状态了。

当然，由于生理因素的影响，这个倾斜角度并没有上述所说的那么大，要稍微小一点（图 5 –9）。

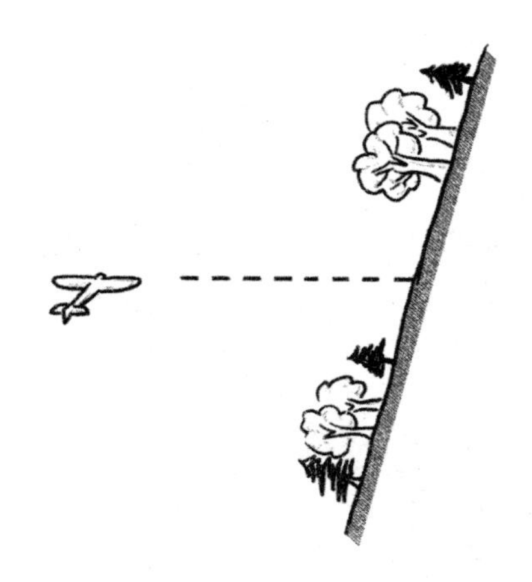

图 5 –9　飞行员看大地是这样的

而感觉增加了的体重与正常体重之比为它们方向间夹角余弦值的倒数。因为这个夹角的正切值 $\tan \alpha \approx 5.2$，查表得它相应的余弦值应为 0.19，其倒数为 5.3。这意味着，飞行员此时将感觉自己的体重变为原来的 5 倍。

图 5 – 10 和 5 – 11 是类似的例子，在这些情况下，飞行员所见到的地面都是倾斜的。

这种超重状态对飞行员来说并不安全，曾经发生过这样一件事：当一位飞行员沿着半径很小的螺旋线作急转下降的时候，身体突然无法动弹，

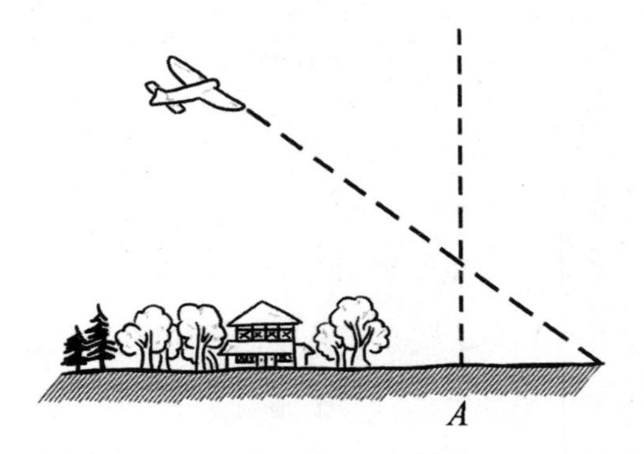

图 5－10　飞行员以190千米/小时的速度做大半径（520米）的曲线飞行

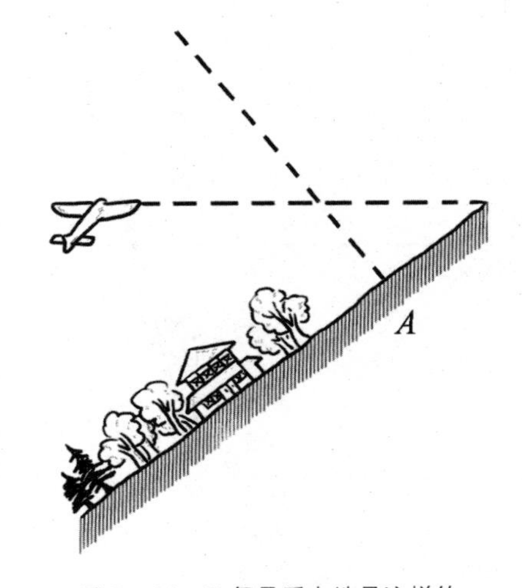

图 5－11　飞行员看大地是这样的

这是因为此时他已经超重 8 倍。幸而后来得救及时，才死里逃生。

5.8　河流弯曲的原因

早在很久以前，人们就发现河流总是曲折蜿蜒，像蛇一样，但这是为什么呢？如果仅是由于地形因素造成的，那为什么在平坦的地区河流依然没有直线前进，而还是选择了那条弯曲的路线呢?

你会这样想是因为觉得直线方向才是最稳定的方向，但事实并非如此。只有在不可能实现的理想条件下，河流才会沿直线方向流动。因此在现实中，河流绝对不可能保持直线方向。

如果你还是不相信，我们不妨作这样一个假设。假设一条河在一样的土壤上沿直线笔直地流动，突然由于某些原因（例如土壤的改变），使得水流在某处发生偏移，那么它将无法再恢复到直线的流动方向，并且偏移状况将逐渐加重。如图 5 – 12 所示，这是因为在偏移的地方，水流沿曲线流动，在离心力的作用下，水流会冲洗凹入的 A 岸，使它不断变凹；与此同时，水流会远离凸出的 B 岸。河流弯曲的曲率因此增大，离心力又随之增大，不断循环往复，使得凹岸更凹，凸岸更凸。也就是说，一旦形成了弯曲，即使它在一开始非常小，也会不断“长大”。相反如果我们想要使河流恢复原来的直线方向，就要求凸出的 B 岸受冲刷，而水流离开凹入的 A 岸，正好与实际情况背道而驰。

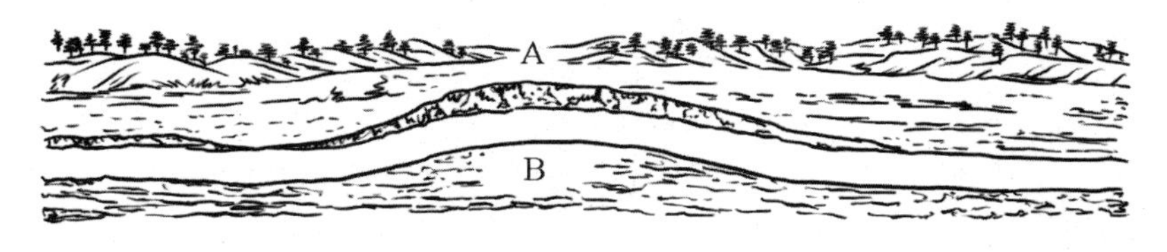

图 5 – 12　河流极小的弯曲会不停地增大

另外，水流在凹岸的流速会快于凸岸的流速，所以水流携带的泥沙就会更多地沉积在凸岸，使其愈发凸出；而凹岸由于受到了更为强烈的冲刷，所以会深度增加，变得陡峭，也更易凹入。

可见，最初使河流发生轻微偏移的原因可能是很偶然的，但都无法避免，所以现实中河流也同样无可避免地会发生弯曲，然后逐渐变弯以至于成为现在所见的蜿蜒曲折的样子了。

图 5 – 13 从（a）到（h）就是河床逐渐发生改变的示意图。

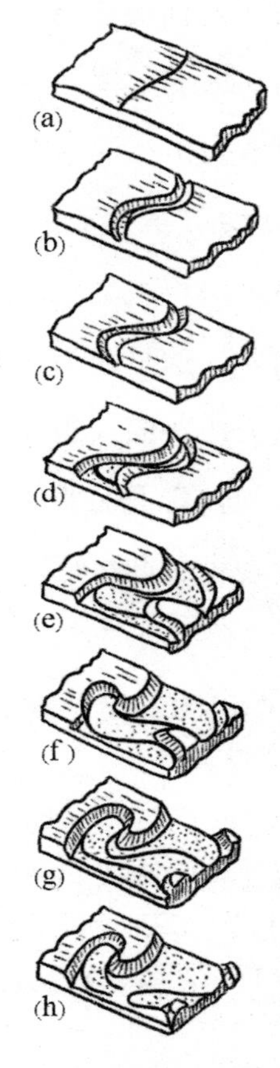

图 5 – 13　河床的弯曲是怎样自己逐渐增长的

图 5 – 13（a）中小河只有轻微的弯曲；图 5 – 13（b）中，水流冲洗出明显凹入的一岸，出现了离开凸出一岸的倾向；图 5 – 13（c）中，河床扩大；图 5 – 13（d）中，宽广的河谷出现，而河床只是河谷中的其中一部分；图 5 – 13（e）、（f）和（g）表现了河谷的进一步发展；图 5 – 13（g）中，河床弯曲得几乎形成一个环套；最后的图 5 – 13（h）中，河流在相接近的

河床弯曲位置相连，而河谷的凹入部分成了所谓的弓形沼或牛轭沼，也就是在河床中被遗弃了的死水。

至于为什么河流在河谷中总是曲折流动，而不是从中间或者两边直线通过，相信根据地球自转作用的常识，你已经明白。

实际上，这个现象当然不是在一朝一夕间形成的，整个过程有时长达千年。春天融化的雪水在雪地上冲出的小水流，就是一个缩小版的过程。现在，你终于明白力学对于河流地质命运发展的控制了吧。

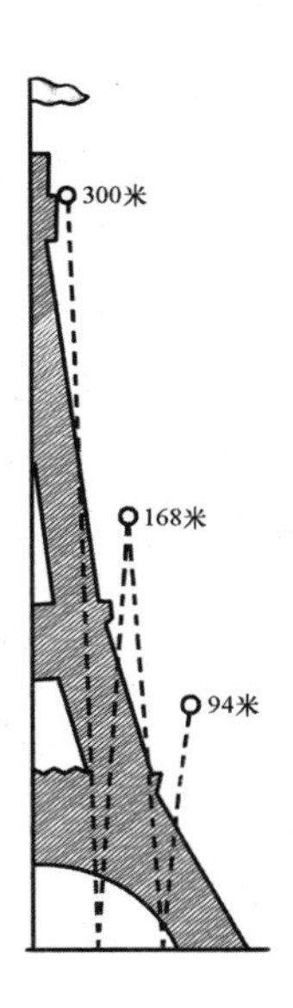

Chapter 6
碰　撞

6.1　碰撞研究的重要性

力学教材当中有一章专门研究物体的碰撞现象，但学生往往对此并不感兴趣。因为公式太多，理解起来也很费劲。虽然这样，但其实这一章是非常重要的，因为人们在一段时期当中，曾试图用两个物体的碰撞来解释所有大自然中的现象。

19 世纪自然科学家居维叶曾说过："假如我们不从碰撞入手，就不可能正确认识原因和作用之间的关系。"我们在解释一种现象的时候，只有在分子的互相碰撞层面上才能总结出真正的原因。

当然，并不是说从这里出发就能解决所有的问题。事实上，世界上的许多现象，如电气现象、光学现象、地球引力等都无法通过这个层面得到解释。然而我们今天还是不能否认，研究碰撞对解释大自然中各种现象依然发挥着无可替代的作用。以气体分子运动论为例，它就把该领域的现象看成是许多相互碰撞的分子所做的无序运动。另外，在机器和建筑工程技术中，所有关于部件强度的计算都是以它们能够承受的撞击负荷为标准，可见在日常生活的每个地方，都有着物体碰撞的身影。所以，对于物体碰撞的研究现在依然有着十分重要的意义。

6.2 碰撞当中的力学

想要了解物体碰撞当中的力学，就要了解怎样预先计算出相互碰撞的两个物体在碰撞以后的速度为多少，不过这要取决于碰撞物体是否有弹性。

没有弹性的两个物体在碰撞以后速度相等，它的大小可以通过混合法求出，只要知道互撞物体的质量和原来的速度即可。

所谓混合法，下面介绍一个简单的例子你就明白了。

假如你把3千克单价为8元/千克的咖啡和2千克单价为10元/千克的咖啡混合，则这种混合咖啡的单价应该为：

$$\frac{3\times 8+2\times 10}{3+2}=8.8\text{（元/千克）}$$

同理，一个质量为3千克、速度为8厘米/秒的非弹性物体，与另一个质量为2千克、速度为10厘米/秒的非弹性物体互撞，则每个物体在碰撞后得到的速度应为：

$$u=\frac{3\times 8+2\times 10}{3+2}=8.8\text{（厘米/秒）}$$

我们可以总结出一个普遍性的公式：质量分别为m_1和m_2、速度分别为v_1和v_2的两个非弹性物体相撞，它们碰撞后的速度应为

$$u=\frac{m_1v_1+m_2v_2}{m_1+m_2}$$

如果我们以v_1的方向为正，速度u前如果是正号，则表示物体在碰撞后的速度方向与v_1相同，若是负号，则表示向相反方向运动。对于没有弹性的物体的碰撞情况，要注意这点。

而对于有弹性的物体来说，情况会变得复杂一点。因为当弹性物体相撞的时候，碰撞部位会先像非弹性物体一样发生凹陷，接着又会凸起恢复到原状。值得注意的是，相撞的两个物体必然一个是追撞者，另一个是被追撞者。在凹陷的阶段当中，追撞物体速度会减小，而被追撞物体的速度增大；在凸起阶段中，追撞物体速度还会减小一次，而被追撞物体的速度则还会再增加一次，前后两次减小或增加的速度应该是相等的。这就是说，运动得快的物体会减小两倍的速度，运动得慢的物体会增加两倍的速度。记住了这一点，你就基本把弹性碰撞的情况掌握了。

下面我们用实际的运算来检验一下：假设有两个物体，一个运动较快，速度为 v_1；另一个运动较慢，速度为 v_2，它们的质量分别为 m_1 和 m_2。如果两个物体都是非弹性的，则它们碰撞以后应该得到相等的速度，为：

$$u = \frac{m_1 v_1 + m_2 v_2}{m_1 + m_2}$$

因此我们知道前者减小的总速度为（$v_1 - u$），而后者增加的总速度为（$u - v_2$）。

但如果它们都是弹性物体的话，根据我们上面所说，它们都将会增加或者减小两倍的速度，即 2（$v_1 - u$）和 2（$u - v_2$）。所以，弹性碰撞后物体的速度 u_1 和 u_2 应该为：

$$u_1 = v_1 - 2(v_1 - u) = 2u - v_1$$

$$u_2 = v_2 + 2(u - v_2) = 2u - v_2$$

接下来我们只需把具体数值代入即可。

关于弹性的碰撞情况，还有一个简便的规则：物体碰撞之后，均会以原来的速度大小反向运动，这道理并不难明白。又因为：物体碰撞前的相向速度为（$v_1 - v_2$）；物体碰撞后的反向速度为（$u_1 - u_2$）。

代入 u_1 和 u_2，得：

$$u_2 - u_1 = 2u - v_2 - (2u - v_1) = v_1 - v_2$$

这个规则除了为我们运算提供简便以外，更重要的一点在于帮我们从另外一个层面进行理解。我们之前提到过“追撞的物体”和“被追撞的物体”这类表述，其实都是以一个运动系统外部的第三人角度来看的。在本书 Chapter 1 中我们介绍过，其实追撞物和被追撞物之间是相对而言的，本质并没有差别。如果把两者互换，也不会对结果产生什么影响。所以当我们回到物体碰撞的问题上时，两者互换是不是同样适用呢？

很显然，答案是肯定的，如果两者互换，计算结果不会发生改变。因为无论如何，物体在碰撞以前速度大小之差是相同的，因此在碰撞以后物体只是反向运动，但速度大小不变，因此差额也不变（$u_1 - u_2 = v_1 - v_2$）。所以，无论我们从哪一个角度上看待这个问题，其实都是一样的。

以下是与弹性碰撞相关的一些有趣数据：两个直径都为 7.5 厘米的钢球，以 1 米/秒的速度相互碰撞，将产生 1 500 千克的压力；当以 2 米/秒的速度碰撞时，产生的压力是 3 500 千克。而关于碰撞部位的曲率半径，前者是 1.2 毫米，后者是 1.6 毫米。这两种情况下的碰撞持续时间都约为$\frac{1}{5\ 000}$秒。而正是由于这么短的碰撞时间，得以使钢球在这 15～20 吨/厘米^2 的压力下不被损坏。

当然了，假如钢球大如行星（譬如半径＝10 000 千米），在以 1 厘米/秒的速度相撞时，碰撞的持续时间将达到 40 小时，且碰撞部分的曲率半径为 12.5 千米，压力相当于 4 万万吨！

要注意的是，我们上面所讲到的都是碰撞当中的极端情形：要么是完全的非弹性物体相撞，要么是完全弹性的物体相撞。但在这之间还可能存在第三种情况——碰撞的物体不是完全的弹性，即在凹陷以后不能完全恢复本来形状。这个情况我们在后面还将谈到，现在我们还是把上面所说的两种情况掌握好就行了。

6.3　皮球当中的学问

6.2 节中我们介绍了几个计算物体碰撞的公式，但在现实中其实并不常用。这是因为实际上那种极端的“完全弹性”或者“完全非弹性”的物体是很少见的，更多的情况是物体处于两者之间的第三种情况，即“不完全弹性”。以皮球为例好了，你知道在力学上它到底是完全弹性的，抑或是完全非弹性的？

其实检验的方法非常简单：我们只需在一定的高度让皮球落到坚硬的地面，如果反弹后能到达原来的高度，那么皮球是完全弹性的；如果它根本无法反弹，则皮球是完全非弹性的。

很明显，一只经过反弹却无法到达原来高度的皮球，就是我们所说的“不完全弹性”了。下面我们来看一下它碰撞过程的情况。皮球落到地面的瞬间，它与地面接触的部分会发生形变（被压扁），而形变产生的压力使皮球减速。在这之前，皮球与非弹性物体的碰撞过程并无二异。这意味着，此时它的速度为 u，而减小的速度为（v_1-u）。然而皮球不同于非弹性物体在于，这时被压扁的地方会重新凸起，受到地面对它的作用力，因此球再次减速。假如皮球可以完全恢复形状（即完全弹性的），它减小的速度大小应该与被压扁时一样，为（v_1-u）。

所以，对于一个完全弹性的皮球而言，它减小的总速度应该为 2（v_1-u），因此

$$v_1 - 2(v_1 - u) = 2u - v_1$$

但我们这里讨论的皮球并不是完全弹性的，因此被压扁以后它并不能完全恢复原来的形状。也就是说，使它恢复形状的作用力应该会小于当初使它发生形变的作用力，因此恢复阶段所减小的速度也会小于形变阶段减小的速度，即减小的速度要小于（$v_1 - u$），假设这个值为系数 e（又叫“恢复系数”）。所以不完全弹性物体在碰撞的时候，前一阶段减小的速度为（$v_1 - u$），后一阶段减小的速度为 e（$v_1 - u$）。所以整个过程中一共减小的速度为（$1+e$）（$v_1 - u$），在碰撞之后速度 u_1 等于

$$u_1 = v_1 - (1+e)(v_1 - u)$$

$$= (1+e)u - ev_1$$

下面我们来求一下“恢复系数”，因为根据反作用定律，地面在皮球的作用下也会以速度 u_2 后退，即

$$u_2 = (1+e)u - ev_2$$

两个速度之差（$u_1 - u_2$）等于 e（$v_2 - v_1$），所以“恢复系数”可以根据下面的式子求出：

$$e = \frac{u_1 - u_2}{v_2 - v_1}$$

而固定不动的地面没有后退，即

$$u_2 = (1+e)u - ev_2 = 0$$

$$v_2 = 0$$

因此

$$e = \frac{u_1}{v_1}$$

其中，u_1 为皮球反弹后的速度，应为 $\sqrt{2gh}$，h 为皮球的反弹高度；

在 $v_1=\sqrt{2gH}$ 中 H 为球落下的高度。因此：

$$e=\sqrt{\frac{2gh}{2gH}}=\sqrt{\frac{h}{H}}$$

可见，通过这个方法我们就可以找到皮球的“恢复系数”，其实这个系数也可以用来表示皮球“不完全弹性”的不完全系数：皮球落下和反弹高度之比的开方即为所求。

一个普通的网球在 250 厘米的高度落下，反弹高度为 127～152 厘米。由此我们可以算出网球的恢复系数在 $\sqrt{\frac{127}{250}}$ 到 $\sqrt{\frac{152}{250}}$ 之间，即 0.71 到 0.78 之间。

我们不妨取其平均数 0.75，即“75% 弹性”的球为例来做几个计算的题目：

［**题**］让球在高度 H 处落下，请问它的第二、第三以及后面各次的反弹高度为多少？

［**解**］第一次反弹高度可以通过下面这个式子得到：

$$e=\sqrt{\frac{h}{H}}$$

把 $e=0.75$，$H=250$ 厘米代入：

$$0.75=\sqrt{\frac{h}{250}}$$

得到 $h\approx140$ 厘米。

所以第二次反弹可以看作是从 $h=140$ 厘米高落下的反弹高度，假设为 h_1，则

$$0.75=\sqrt{\frac{h_1}{140}}$$

得到 $h_1 \approx 79$ 厘米。

同理第三次反弹的高度 h_2 满足下式：

$$0.75 = \sqrt{\frac{h_2}{79}}$$

得到 $h_2 \approx 44$ 厘米。

以此类推……

如果这个球在埃菲尔铁塔上落下（$H = 300$ 米），忽略空气阻力，则第一次反弹高度为 168 米，第二次为 94 米……（图 6－1）。但由于实际速度很大，所以空气阻力也比较大，因此不能忽略。

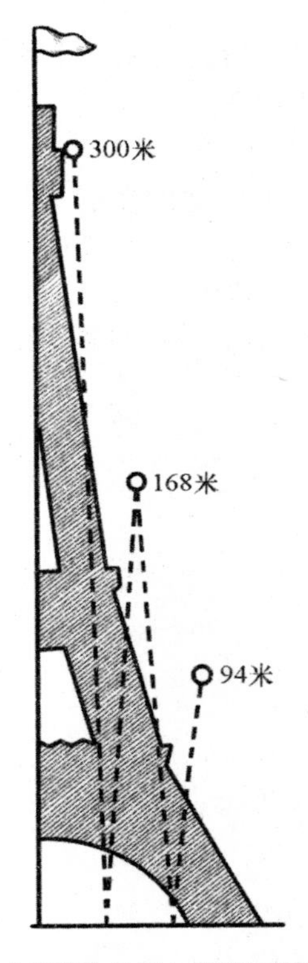

图 6－1　从埃菲尔铁塔上落下来的球能跳多远

[**题**] 球从高度 H 落下后的反弹持续时间是多少？

[**解**] 已知

$$H=\frac{gT^2}{2},\ h=\frac{gt^2}{2},\ h_1=\frac{gt_1^2}{2}$$

因此

$$T=\sqrt{\frac{2H}{g}},\ t=\sqrt{\frac{2h}{g}},\ t_1=\sqrt{\frac{2h_1}{g}}$$

所以每次反弹的总时间为

$$T+2t+2t_1+\cdots$$

即

$$\sqrt{\frac{2H}{g}}+2\sqrt{\frac{2h}{g}}+2\sqrt{\frac{2h_1}{g}}+\cdots$$

整理上式得到：

$$\sqrt{\frac{2H}{g}}\left(\frac{2}{1-e}-1\right)$$

把 $H=2.5$ 米，$g=9.8$ 米/秒^2，$e=0.75$ 代入，求出反弹的总共持续时间为 5 秒，即球会在 5 秒内继续跳动。

同样如果这个球是在埃菲尔铁塔上落下的，忽略空气阻力，求得反弹时间将会持续达到 54 秒，接近 1 分钟。

球从不高的高度落下时，由于速度较小，所以能忽略空气阻力。科学家就曾做过实验检测空气阻力的影响，他们让恢复系数为 0.76 的皮球从 250 厘米高处落下，忽略空气阻力的理论反弹高度应为 84 厘米，而实际上为 83 厘米，仅相差 1 厘米。可见，在这种情况下，空气阻力影响确实并不大。

6.4 木槌球的碰撞

在力学中，有所谓“正碰”“对心碰”的说法，其实就是一种碰撞方向与碰撞的施力球体直径方向相同的碰撞，木槌球与一个静止不动的球之间的碰撞就是一个典型的正碰表现。

两个质量相等、完全非弹性的球在相撞以后，速度都等于追撞球的一半速度，也即

$$u=\frac{m_1v_1+m_2v_2}{m_1+m_2}$$

其中，$m_1=m_2$，$v_2=0$。

但是假如相撞的两个球是完全弹性的，通过简单计算我们就会发现在碰撞以后它们将交换速度。也就是说主动去撞的球将停下，而本来静止的球将以前者的速度继续往碰撞方向运动。这有点类似我们玩的象牙球（打弹子），因为象牙球的恢复系数一般较大$\left(e=\frac{8}{9}\right)$。

但是对于恢复系数小得多的木槌球（$e=0.5$）来说，情况就完全不一样了。在碰撞以后，两个球都将以不同的速度继续运动，而主动去撞的球在被撞球的后面，方向依然是碰撞的方向。

我们假设恢复系数为 e，在6.3节中我们已经求出在碰撞以后两个球的速度 u_1 和 u_2 分别为：

$$u_1=(1+e)u-ev_1$$

$$u_2=(1+e)u-ev_2$$

同样

$$u = \frac{m_1 v_1 + m_2 v_2}{m_1 + m_2}$$

代入木槌球的数值：$m_1 = m_2$，$v_2 = 0$。得到

$$u = \frac{v_1}{2}$$

$$u_1 = \frac{v_1}{2}(1 - e)$$

$$u_2 = \frac{v_1}{2}(1 + e)$$

所以

$$u_1 + u_2 = v_1$$

$$u_2 - u_1 = ev_1$$

因此我们可以得出这样的结论：一个木槌球去撞另一个静止的木槌球，前者的速度 V 在碰撞以后被分配在两个球上，其中后者比前者运动得快，其速度差为 V 的 e 倍。

譬如 $e = 0.5$，则碰撞以后，原来静止的球将是原来速度的$\frac{3}{4}$，而去撞的球在被撞球后运动，其速度只有原来的$\frac{1}{4}$。

6.5 “力量来自速度”

俄国文豪列夫·托尔斯泰的著作《读本第一册》中有这么一个故事：

一个大汉赶着一匹载着重物的马车正在穿越铁路，但车轮突然脱落，

因此马无法把马车拖动。正在这时，一列火车迎面驶来，而马车既无法立刻从铁路上移开，火车也不可能马上停下，情况十分危急。此时司机却做了个决定，他没有刹车，而是把火车速度提到最大驶向马车。赶马的大汉吓得马上逃开，火车则把马车和马撞向一旁，但是车身却几乎没有震动地开走了。后来司机告诉乘务员："虽然我们现在撞死了一匹马，撞坏了一辆马车，但假如我们急刹车或者减速撞向马车的话，火车很可能出轨，你我包括列车上的乘客都将遇难。但现在我们急速开过，车身并没有受到多少震动。"

根据力学的观点，我们可以解释这个故事。在这里，火车和马车都是不完全弹性物体，被撞的马车在碰撞前静止不动。下面我们用 m_1 和 v_1 代表火车的质量和速度，用 m_2 和 v_2 （$v_2=0$）代表马车的质量和速度，运用上述公式：

$$u_1=(1+e)u-ev_1$$

$$u_2=(1+e)u-ev_2$$

$$u=\frac{m_1v_1+m_2v_2}{m_1+m_2}$$

整理上式得到：

$$u=\frac{v_1+\frac{m_2}{m_1}v_2}{1+\frac{m_2}{m_1}}$$

由于马车与火车的质量之比$\frac{m_2}{m_1}$极小，可以忽略不计，所以得到：

$$u\approx v_1$$

代入第一个式子，得：

$$u_1 = (1+e)v_1 - ev_1 = v_1$$

这意味着，碰撞以后火车几乎以原速继续行驶，因此乘客们没有震感。而马车在碰撞后的速度 $u_2=(1+e)u=(1+e)v_1$，比火车原来的速度还多出 ev_1，因此火车原来行驶的速度 v_1 越大，马车突然承受的速度就越大，也即摧毁马车的力量也越大。

不过在这里还要注意克服马车的摩擦力，假如碰撞瞬间的力量不够大，不足以使马车冲出铁轨而留在轨道上，将对火车非常危险。

所以我们可以说，火车司机提速这一做法是十分明智的，火车因此得以把马车撞出铁轨，而自身不受震动。当然，故事的背景是火车速度本身不太大的时代。

6.6 不怕铁锤砸的人

在杂技表演中有这样一个惊险的节目：平躺在地上的演员胸上搁着一块大铁砧，另外两位演员则用大铁锤，重重砸向铁砧，地上的演员却毫发无损（图6－2）。

你肯定很惊奇为什么人可以承受得住这样猛烈的震动。当你知道了弹性物体的碰撞定律后，你就应该明白铁砧相比铁锤越重，铁砧在碰撞瞬间得到的速度越小，因此人的震感也越小。

以下就是被撞物体在弹性碰撞时的速度公式：

$$\begin{aligned} u_2 &= 2u - v_2 \\ &= \frac{2(m_1v_1+m_2v_2)}{m_1+m_2} - v_2 \end{aligned}$$

图6－2　两个大力士抡起铁锤，用力向铁砧上打去

其中，m_1 为铁锤的质量，m_2 为铁砧的质量，v_1 和 v_2 分别是它们碰撞前的速度。

而由于铁砧在碰撞前是静止的，因此 $v_2 = 0$。所以：

$$u_2 = \frac{2m_1v_1}{m_1 + m_2} = \frac{2v_1 \times \frac{m_1}{m_2}}{\frac{m_1}{m_2} + 1}$$

如果铁砧的质量 m_2 远大于铁锤的质量 m_1，则$\frac{m_1}{m_2}$的值就会很小，因此分母中的$\frac{m_1}{m_2}$可以忽略不计。整理上式，得到：

$$u_2 = 2v_1 \times \frac{m_1}{m_2}$$

可见铁砧碰撞以后的速度只是铁锤速度 v_1 的极小的部分。

譬如，当铁砧的质量为铁锤的 100 倍时，它的速度只有铁锤的$\frac{1}{50}$：

$$u_2 = 2v_1 \times \frac{1}{100} = \frac{1}{50}v_1$$

现在你应该明白为什么我说铁砧越重，躺在它下面的演员越安全了吧。不过在胸上承受这么重的铁砧也是一个困难，但是如果改变铁砧底部的形状，增大其与人体接触的表面积，就可以使压在人身上的铁砧重力分散，也就是说人每平方厘米体表上所承受的铁砧重力会减小。另外，还可以在铁砧与人体之间加垫一层柔软的棉垫，减小压强。

因此在观看表演的时候，你大可不必怀疑铁砧的重力，不过铁锤的重力就值得斟酌了。事实上，表演中的铁锤可能并不如你所想的那么沉重，甚至可能是空心的，这样的改动并不影响表演的效果，但对于铁砧下的演员而言，他所受到的震动却是大大减弱了。

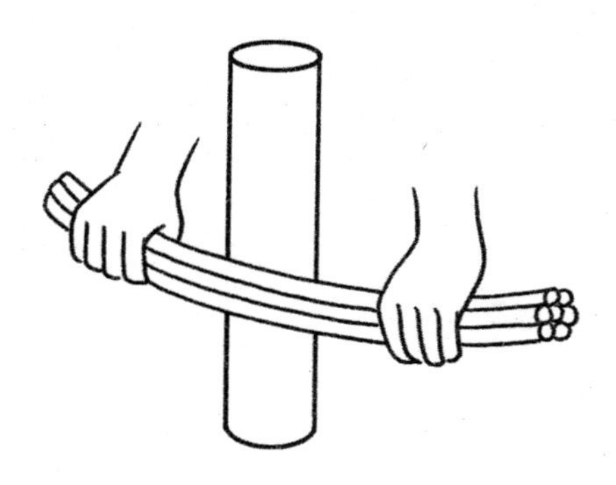

Chapter 7
略谈强度

7.1　怎样测量海洋深度

我们都知道，海洋的平均深度约为 4 千米，不过在某些地区这个数字还要大很多。例如前面曾说过海洋的最大深度可达到 11 千米。这就是说，我们要垂下一条长过 10 千米的金属丝，才能测量到这个深度。但你有没有想过，这个长度使得金属丝拥有的巨大重力，会不会使得它在重力作用下断掉呢？

这个问题的提出是很有意义的，请看下面这个运算：

以长 11 千米的铜线为例，设 D 为铜线直径（单位是厘米），它的体积应为$\frac{1}{4}\pi D^2\times 1\ 100\ 000$ 立方厘米。而每立方厘米的铜，在水里的质量约为 8 克，所以这条铜线在水中的质量为：

$$\frac{1}{4}\pi D^2\times 1\ 100\ 000\times 8=6\ 900\ 000D^2\ (克)$$

直径 3 毫米的铜线在水中的质量应为 620 千克，即大约$\frac{3}{5}$吨，这么细的铜线到底能否负载得起这个重量呢？我们不妨暂且离题，讨论一下使金属丝（杆）断裂需要多少力的问题。

力学中的分支学科“材料力学”中是这么叙述这个问题的：使金属丝（杆）断裂所需要的力 F 与金属丝（杆）的材料、截面大小和施力方式有关。其中截面积与力 F 成正比，而图 7 - 1 就是截面积为 1 平方毫米的各种

材料与力 F 的对应图，又被称作抗断强度表，一般在各种工程手册上都可以看到。从表中可知，使一条截面积为 1 平方毫米的铅丝断裂需要 1 千克的力，铜丝需要 40 千克的力，而青铜丝则需要 100 千克的力，等等。

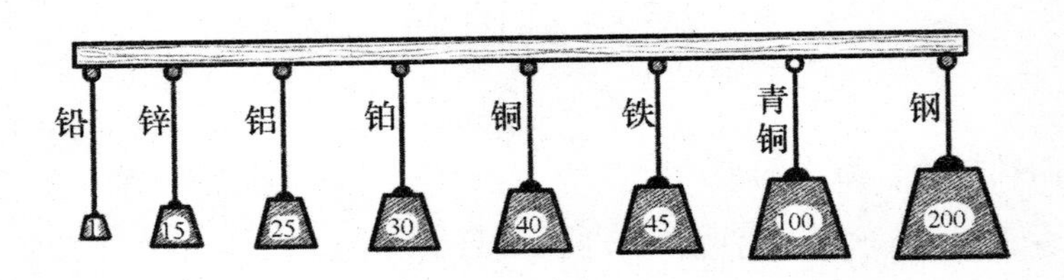

图 7－1　不同材料的金属丝，要用多大的力量才能把它们拉断
（截面积1平方毫米，质量单位为千克）

不过在工程的实际操作中，绝不是以这个金属丝（杆）所能承受的最大作用力来设计的，否则会使工程非常不安全可靠。因为即使材料出现一些微小得肉眼无法发现的缺陷，或者震动、温度等条件的细微改变，金属丝（杆）都有可能因此断裂，威胁整个结构。所以在实践中，往往会采取一个视情况而定的“安全系数”，也就是使作用力只达到最大负载的某个比例。

下面让我们回到原来的问题当中，需要多大的力才能使一条横截面直径为 D 厘米的铜线断裂呢？我们可以算出铜线的截面积为 $\frac{1}{4}\pi D^2$ 平方厘米或 $25\pi D^2$ 平方毫米。根据图 7－1，我们知道截面积为 1 平方毫米的铜线，会在 40 千克的作用力下断裂。因此上述铜线将在 $40 \times 25\pi D^2 = 1\ 000\pi D^2 = 3\ 140D^2$ 千克的作用力下断裂。

通过计算我们知道，这条铜线自身就已重达 $6\ 900D^2$ 千克——远大于上面所说的断裂负载力。所以即使我们忽略安全系数，铜线也将在达到 5 000 米深度的时候就因自身重力作用断裂了，更勿论用来测量海洋深度。

7.2　最长的悬垂线

对于每一条金属丝而言，都有一个自身的极限长度，超过这个长度便会在自身重力作用下断裂。也许你会以为，金属丝的直径增加可以使这个极限长度变大，但实际上，金属丝变粗以后它的自身重力也随之增加。因此金属丝的粗细并无法决定极限长度，它只与制成金属丝的材料有关。

而不同金属的极限长度都是不同的，在7.1节当中我们已经介绍过这个极限长度的算法。假设长度为 L 千米的金属丝截面积为 s 平方厘米，而该种金属每立方厘米质量为 p 克，则整条金属丝的质量就是 $100\ 000sLp$ 克；它能承受的最大质量便是 $1\ 000Q\times100s=100\ 000Qs$ 克，其中，Q 是1平方毫米截面积金属丝的断裂负载（单位是千克）。所以，在极限的条件下，

$$100\ 000Qs=100\ 000sLp$$

因此极限长度为：

$$L=\frac{Q}{p}$$

这就是计算不同材料金属丝的极限长度的公式。7.1节中我们求出了铜线在水中的极限长度，事实上，在空气当中这个极限长度还要小，为 $\frac{Q}{p}=\frac{40}{9}\approx4.4$ 千米。

以下是其他几种金属丝在空气中的极限长度：

铅丝……………………………………0.2米

锌丝……………………………………2.1千米

铁丝……………………………………7.5千米

钢丝……………………………………25千米

但就如上节所说的一样，在实际的操作当中，我们是不可能采用这个极限长度的，因为这会增加它们的断裂风险，所以会采取一个安全系数，例如对于钢丝和铁丝而言，一般只允许它们承受$\frac{1}{4}$的断裂负荷。

所以现实中使用的悬垂铁丝都不会长过 2 千米，而钢丝不会长过 6.25 千米。但是在水中，金属丝的极限长度会增加，不过即便如此，我们还是不能用它们来测量海底的深度，除非是特殊专用的坚固钢丝。

7.3 最强韧的材料

如果说什么是最强韧的材料，就要数镍铬钢[①]了，要想把横截面积 1 平方毫米的镍铬钢丝拉断可不容易，至少要用 250 千克的力。

要想有更深刻的体会，看一看图 7－2 便会一目了然。图中显示了一条直径仅比 1 毫米粗些的镍铬钢丝承载了相当于一只肥猪的质量。这种高强度的钢丝广泛应用于测量海洋深度，因为镍铬制成的钢丝能够抵御强大的海底压强。这种钢丝每 1 立方厘米在水里重 7 克，因为安全系数是 4，所以横截面每 1 平方毫米的容许负载就是 $250 \div 4 \approx 62$ 千克。最后，我们可以得出镍铬钢丝的极限长度是 $62 \div 7 \approx 8.8$ 千米。

可是，我们知道海洋的深度绝不只有 8.8 千米。所以我们只好采用更小的安全系数，这就要求我们使用这种钢丝测量海底深度时必须非常小心谨慎，才能到达最深的海底。

除了测量海洋深度，我们也时常利用这种钢丝和风筝进行高空探测，

① 当然，现在已经发现了很多比镍铬钢更强韧的材料，比如石墨烯等。

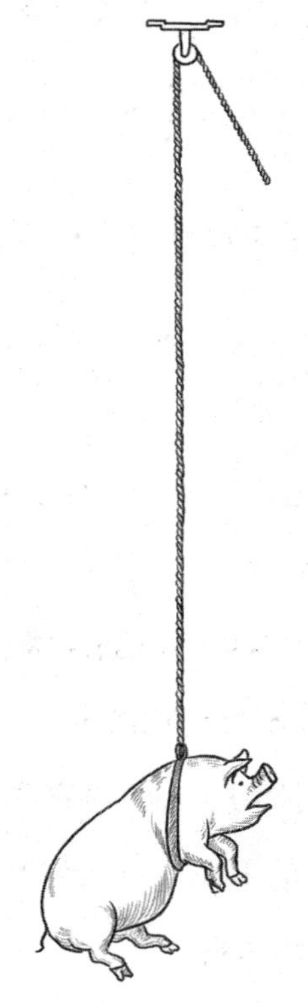

图 7－2　1 平方毫米截面积的镍铬钢能够承受 250 千克的质量

但是也会遇到同样的困难。例如，当风筝飞到 8.8 千米或者更高的时候，我们就不得不采取与测量海底深度同样的办法，因为这个时候钢丝不但要承受自重的张力，还要承受风对钢丝和风筝的压力。

7.4　比头发更强韧的是什么

人们总以为人的头发大概和蜘蛛丝的强度差不多，但事实上，许多金属都没有头发强韧！人的头发的粗细虽然只有 0.05 毫米，承重却能达到

100 克。我们可以计算一下截面为 1 平方毫米的头发的承重能力。直径0.05 毫米的圆，面积是：$\frac{1}{500}$平方毫米（$\frac{1}{4}\times3.14\times0.005^2\approx0.002$ 平方毫米）。也就是说，$\frac{1}{500}$平方毫米面积上可以承受 100 克重；那么 1 平方毫米面积上则可以承受 50 000 克（即 50 千克）重。而图 7－1 也形象地告诉我们，人的头发的强度介于青铜和铁之间。

因此，头发的强度高于铅、锌、铝、铂、铜等金属，仅次于铁、青铜和钢。

所以，小说《萨兰博》中说的古代迦太基人把妇女的发辫当作投掷机的牵引绳的最好材料，也就并不显得荒谬了。

通过以上内容的学习，对图 7－3 的内容我们也不会感到惊奇了。妇女的发辫承受住了一辆 20 吨重的卡车。这很容易计算：发辫由 200 000 根头发组成，所以它能承受 20 吨的质量。

图 7－3　妇女的发辫能承受多大的质量

7.5 为什么自行车架由管子构成

如果细心观察，我们就会发现如今的自行车架都是由管子构成的。很多人也许认为实心杆会比管子更结实耐用，但为什么自行车架还要用管子做呢？其实，截面面积相等的管子和实心杆相比，两者的抗断和抗压强度几乎没有什么区别，但是如果比较的是抗弯强度的话，弯曲一段实心杆可是会比弯曲一段管子容易得多。因此，自行车架用管子做不仅节省材料，而且提高了抗弯强度，可谓是一举两得。

对这一点的解释，强度科学的奠基人伽利略早就在他的《关于两个新的科学学科的谈话和数学论证》里作了重要著述：

利用这种空心的固体可以使强度大幅度提高而质量维持不变，这样的运用在我们的生活乃至大自然当中其实随处可见。例如，小鸟的骨头以及芦苇的茎虽然都非常轻，但是抗弯力和抗断力都极强。还有麦秆，它能承受的质量远超过自身质量，但试想麦秆如果是实心的它还能做到吗？实验也告诉我们是不可能的。因此人类在发现了这个神奇的性质以后，就把它运用到各种工艺技术上，例如把物体制作成空心的，能够使其比等长等重的实心物体更加坚固且轻巧。

其实，只要我们研究一下杆被弯曲时所产生的压力，就一目了然了。现在支起杆 AB（图 7-4）两端，放一重物 Q 在中间。在重物 Q 的作用下，杆向下弯曲。我们可以看出，杆的上半部分被压缩，产生了反抗压缩的弹性力，相反地，下半部分则被拉伸了，产生了反抗拉伸的弹性力，而中间有一层（中立层）既没有受到拉伸，也没有受到压缩。需要说明的是，不管是反抗拉伸的弹性力还是反抗压缩的弹性力，都是想使杆恢复原状。随着杆的弯曲程度不断增大（不超过弹性形变的范围之内），这两股抗弯力也会不断增大，直到由 Q 所产生的拉伸力和压缩力相等为止，弯曲也就停止了。

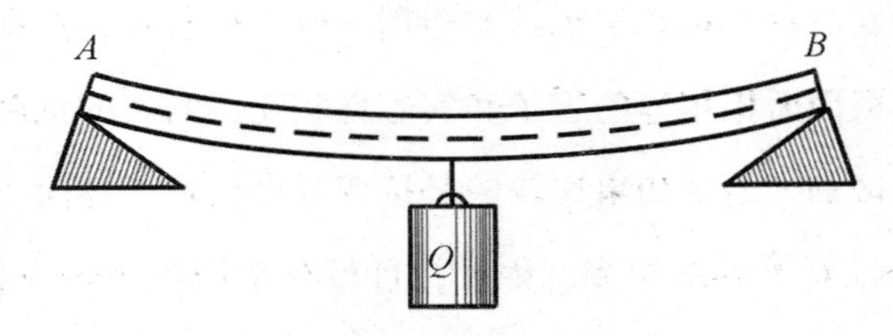

图 7－4　弯曲的横梁

综上所述，杆的最上一层和最下一层是起着对弯曲最大的反抗作用的，其余各层离中立层越近，作用就越小。因此，最好的杆是使截面形状大部分材料最大限度远离中立层的工字梁和槽梁（图 7－5），它们的材料分布就是如此。

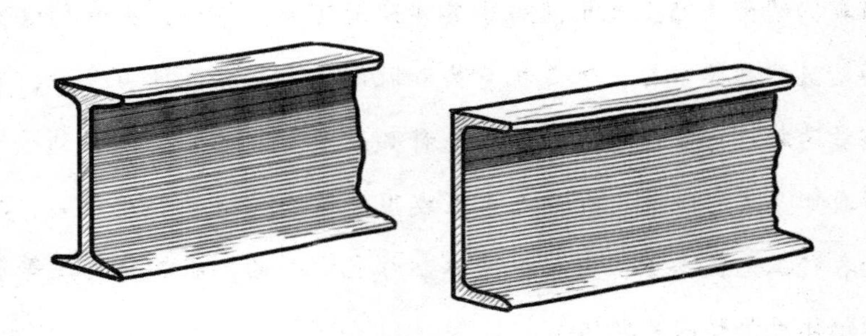

图 7－5　工字梁（左）和槽梁（右）

当然了，我们不能因此就让管子的内壁过分单薄，而是要在保证两个管面相互不变动位置和管子的稳定性的前提下，使管子内壁趋向单薄。

桁架（图 7－6）去除了靠近中立层的全部材料，相比于以往的工字梁，节省了材料，也更加轻便。

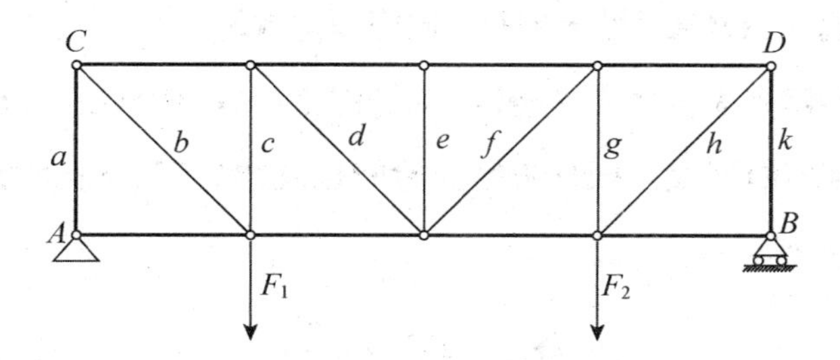

图 7 –6　就强度而言，桁架可代替实体的梁

我们把杆 *a*、*b*……*k* 用弦杆 *AB* 和 *CD* 连接起来，代替整块材料。根据上文所得出的结论可知：在 F_1 和 F_2 的作用下，上弦杆被压缩，而下弦杆被拉伸。

通过上述分析，大家就明白了管子比实心杆在抗弯强度方面更有优势的原因。现在，我们再用数学演算一遍。假设两根长短一致、环形截面积相同且质量也一样的圆形梁，一根是实心的，另一根则是空心的。通过计算，我们竟然发现管子的抗弯力比实心梁大一倍以上，达到 112%。

7.6　七根树枝的故事

朋友，假如你想把一把扫帚折散，先把枝条逐一折散是个好方法，但如果不这么做而是把它整体折断呢？恐怕并没有那么容易如你所愿。

——绥拉菲莫维奇《在夜晚》

从前，有位父亲希望他的七个儿子能够团结协助，和睦地生活在一起，就让他的七个儿子每人折一个树枝，结果每个人都把树枝折断了。然后父亲把七根树枝捆成一束，他的七个儿子每个都试了试，都无法折断。这个故事寓意深远，如果从力学上分析，同样非常有趣。

在力学的世界里，是用“挠度”x（图7－7）来测量一根杆的弯曲大小的。当挠度不断增大，则杆折断的时间也就越近了。挠度的大小可以通过以下式子求出：

$$挠度\ x=\frac{1}{12}\times\frac{Pl^3}{\pi Er^4}$$

其中，P是作用在杆上的力；l是杆的长度；$\pi=3.14\cdots$；E是表示杆的材料的弹性性质的数值；r是圆杆半径。

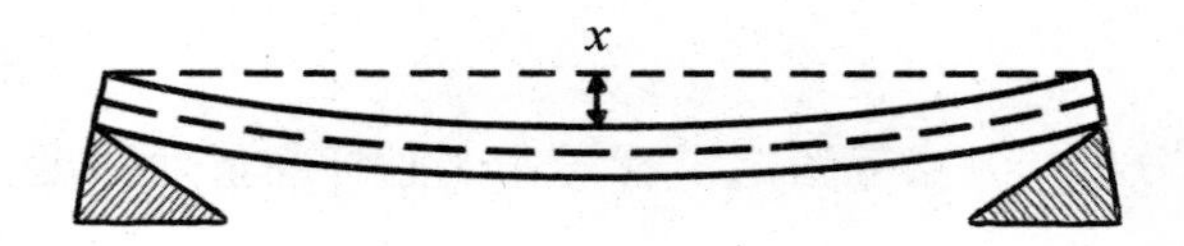

图7－7　挠度x

我们试一试把这个式子应用到上面那个故事当中。树枝束如图7－8所示，我们假设树枝束捆得非常紧，这样就可以把树枝束看成实心杆。从图上所知，树枝束的直径是每一根树枝的三倍。从上面的故事我们可知，弯曲一根树枝比弯曲一束树枝要容易得多，我们假设弯曲一根树枝的力是p，弯曲树枝束的力是P，如果要得出一样的挠度的话，可以得出以下等式：

$$\frac{1}{12}\times\frac{pl^3}{\pi Er^4}=\frac{1}{12}\times\frac{Pl^3}{\pi E\ (3r)^4}$$

因此

$$p=\frac{P}{81}$$

由此可见，如果父亲想折断七根树枝，一根一根地折，这样要花七次的力量，可是每次花费的力气只等于折断有七根树枝的树枝束所花力量的$\frac{1}{81}$。

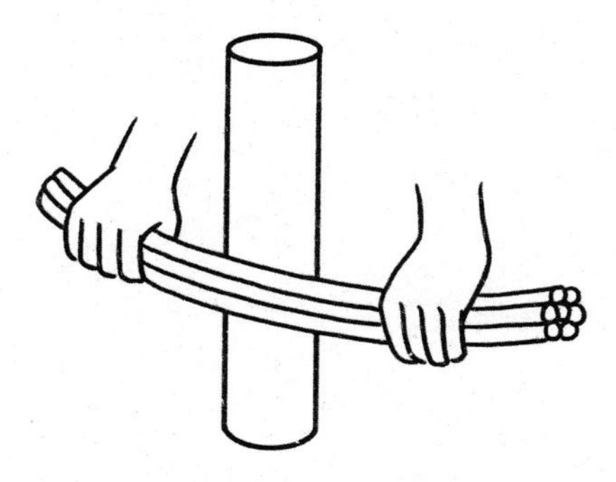

图7－8　七根树枝的树枝束

Chapter 8

功、功率与能

8.1　公斤米[①]

在地球表面将静止的1千克重物提升至1米高度所做的功，叫作公斤米。就是这样一个简单的定义，却让很多人产生了误解。下面这道关于炮弹的题目就是很好的例子。

“一门炮膛长度为1米的大炮，向正上方发射炮弹，已知炮弹重1千克，火药产生的气体只在1米内对炮弹起作用。那么，炮弹做了多少公斤米的功？”有些读者这样认为：既然火药产生的气体只在1米内对炮弹起作用，那么这些气体就是将1千克炮弹抬高至1米，炮弹只做了1公斤米的功。

1公斤米的功？难道炮弹所做的功这么小？当然不会。如果只有这么点儿功的话，根本没什么威力可言。很明显，上面的计算是错误的。但是错误出现在计算的哪个环节呢？

原来，这样的计算结果是因为忽略了重要一点——炮弹在被提升至1米后还具有速度。这就导致了我们在计算时只把炮弹提升1米高度，而没有将炮弹获得速度继续提升的高度算在内。考虑到这，我们假设炮弹速度为600米/秒（即60 000厘米/秒）。则质量为1千克（即1 000克）的炮弹的动能为：

---

① 注释：公斤米是旧制功的单位，1公斤米表示在地球表面上将1千克静止的物体提升到1米的高度所做的功，且重物在被提升到1米的高度时速度仍为0。1公斤米＝9.8焦耳。

$$\frac{mv^2}{2}=\frac{1\ 000\times 60\ 000^2}{2}$$

$$=1.8\times 10^5\ （焦耳）$$

1 焦耳 =0. 101 999 999 985 72 公斤米，所以炮弹的动能也就是 18 000 公斤米。

两次计算的结果差距如此悬殊，可见要利用公斤米的定义来计算功，绝对不可忽略这一点——重物在被提升至 1 米后的速度仍然为零。

8.2　如何让 1 千克势能的砝码产生 1 公斤米的功

如何让 1 千克势能[①]的砝码产生 1 公斤米的功？如果用公式计算，得出的结果是用 1 千克势能的力正好能产生 1 公斤米的功。但实际上，如果只用 1 千克势能的力根本无法将砝码提起来。

要想将 1 千克势能的砝码提升，就一定要用比 1 千克势能更大的力。可是在提升过程中一直用大于 1 千克势能的力，被提升的重物必定会产生加速度。也就是说，当砝码被提升至 1 米的时候它还有速度，这时所做的功就会超过 1 公斤米。

如果使用“先大力后小力”的方法，就可以做到提升 1 千克势能的砝码至 1 米，正好做出 1 公斤米的功。“先大力后小力”是指在刚刚提砝码时，使用大于 1 千克势能的力，这时砝码会获得一定的、方向向上的速度。

---

① 注释：1 千克势能，即 1 千克物体因为重力作用而拥有的能量。

选择适当的时间再将力降至 1 千克势能以下，砝码的运动速度也会随之降下来，在它完成 1 米的运动路程的时候速度减为零。

这样我们就可以让 1 千克势能的砝码恰好产生 1 公斤米的功。

8.3　功的计算方法

8.2 节中对公斤米的定义，很容易让人产生概念上的误会，想要将 1 千克的重物提升至 1 米高又正好做出 1 公斤米的功很不容易。但是，如果我们把定义换个方式来阐述，那就好多了：如果力的作用方向和路程方向一致，公斤米就可以说成 1 千克势能在 1 米路程上所做的功。在变化后的定义中，有一点是一定不能忽略的：力的作用方向和路程方向一致。不重视这个前提，在对功的计算中将出现大误差。

对于变化后的定义，可能还有人觉得不妥。他们可能认为，在路程快结束时物体依然会有一定的速度。也就是说，1 千克势能在 1 米路程上所做的功大于 1 公斤米。

这个疑惑看似有理，在路程快到终点时，这个走了一定路程的物体确实是有速度的。但仔细阅读定义，这个速度正是功给物体运动到终点的动能，使它恰好能做 1 公斤米的功。这与 8.2 节中提到的将物体直立向上提升是不同的：1 千克势能的重物被提升至 1 米高，这时势能是 1 公斤米，但是这个物体仍然具有动能，结果一定不是只有 1 公斤米的功。

功率是力学里度量工作能力的名词，是指物体在单位时间内所做的功。比较不同的发动机在相同时间里面所做的功，就能比较出它们的工作能力。我们以“秒”作为时间单位，发动机的功率就是在 1 秒的时间里发动机做的功。瓦特和马力是功率的两种单位，735.499 瓦特相当于 1 马力。下面一道题就利用到了这些知识。

一部汽车以 72 千米/小时的速度行驶在平直的路上，车的重量是 850 千克势能，假设汽车在行进时受到它重力的 20% 的阻力。算出这辆汽车的功率是多少。

这是汽车行进的力：

$$850 \times 0.2 = 170 \text{（千克势能）}$$

车处于匀速运动状态时，汽车行进的力与阻力相等。

在 1 秒的时间里汽车所走的路程，也就是速度为：

$$\frac{72 \times 1\,000}{3\,600} = 20 \text{（米/秒）}$$

由于运动方向与产生运动的力的方向一致，汽车每秒走的路程与行进的力的乘积就是汽车的功率：

$$170 \text{ 千克势能} \times 20 \text{ 米/秒} = 3\,400 \text{ 千克势能} \times \text{米/秒}$$

$$\approx 34\,000 \text{ 瓦特}$$

根据 735.499 瓦特相当于 1 马力，就等于：

$$34\,000 \div 735 \approx 46 \text{（马力）}$$

理解了这一节中的知识，读者就能够轻松地算出功的大小了。

8.4 奇怪的牵引力

物体的速度大小与牵引力大小是什么关系呢？很多人会回答：速度越大牵引力就越大。为了验证这个结论正确与否，我们利用“拖拉机”来举例证明。

已知一辆拖拉机“挂钩上”的功率为10马力。这辆拖拉机有三挡速度，第一挡速度为2.45千米/小时，第二挡速度为5.52千米/小时，第三挡速度为11.32千米/小时。算出在不同挡位时挂钩的牵引力。

功率是指物体在单位时间（1秒）内所做的功（以瓦特为单位）。在这道题中，牵引力（以牛顿为单位）乘以每秒所走的路程（以米为单位）列出方程式，x 代表拖拉机的牵引力：

$$735 \times 10 = x \times \frac{2.45 \times 1\ 000}{3\ 600}$$

$$x \approx 10\ 000 \text{（牛顿）}$$

这是第一档时的结果。同理可求出“第二档”时的牵引力为4 400牛顿，“第三档”时的牵引力为2 200牛顿。

原来，运动的速度与牵引力大小是成反比的。

8.5 人、马与发动机

“马力”是一匹马在一秒的时间里产生的功率。正常情况下，工作中的人能产生大约十分之一马力的功率，合70～89瓦特。那么，人有没有可能在特殊环境下产生一马力的功率，也就是在1秒的时间产生735焦耳的功呢？

事实上，在特殊情况下人是有爆发力的。举个例子，快速向楼梯上奔跑时就可以产生80焦耳/秒以上的功率。如果这个人的体重是70千克，每阶楼梯是17厘米的高度，他每上六个台阶用时一秒。这个人做的功就是：

$$70 \times 6 \times 0.17 \times 9.8 \approx 700 \text{（焦耳）}$$

这个数字已经接近 1 马力。但这么大的功率，人类只能维持短短的几分钟就必须休息。如果将休息的时间也加进上楼梯的过程中，平均算出的功率还不到 0.1 马力。也曾有这样一个记录：一名运动员在短距离（90 米）赛跑过程中产生了 5 520 焦耳的功，功率相当于 7.4 马力。

不仅是人可以在特殊情况下将自己做的功率提升至接近一马力，马甚至能将功率提升 10 倍或更多。如果一匹马在 1 秒里做 1 米高的跳跃，已知这匹马的体重为 500 千克，那么它所做的功就是 5 000 焦耳，也就是 6.8 马力。还有一点大家可能不知道，一匹马的平均功率的 1.5 倍与 1 马力功率相等。也就是说，刚才举例的这匹马已经将功率上升了 10 倍之多。

人和马都能够在一定情况下将功率提升很多倍，但是人类制造的发动机就做不到（图 8 –1）。如果拿 10 马力的汽车与 2 匹马的马车比较，你觉得哪个更好呢？大部分人会不假思索地说："当然是 10 马力的汽车更好用啊。"其实，这个结论只适用于行驶在路况较好的公路上。如果是在沙地，那这辆 10 马力的汽车可要陷在沙里了。但是马车却可以照常行驶，因为这两匹马可以爆发 15 马力的功率，甚至更多。

图 8 –1　活体发动机在这时候比机器更有优势

一位物理学家就曾这样阐述："不得不承认，在特殊情况下马要比带发动机的汽车好用得多。汽车要想爬上高坡，它使用的力相当于至少 12 到 15 匹马所拉的力。而一辆由两匹马拉的马车轻而易举就可以爬上去。"

8.6 拖拉机的优势

在法国有这样一句俗语："一百只兔子也不能变出一头大象。"这句话完全可以套用在拖拉机与马的比较上：一百匹马也无法替代一辆拖拉机。

表 8-1 显示的是将不同数量的马套在一起产生的功率：

表 8-1 将不同数量的马套在一起产生的功率

套在一起的马的数量	每匹马的功率（马力）	总功率（马力）
1	1	1
2	0.95	1.9
3	0.87	2.6
4	0.78	3.1
5	0.7	3.5
6	0.62	3.7
7	0.54	3.8
8	0.48	3.8

我们从表 8-1 中可以发现，将 5 匹马拴在一起工作产生的是 1 匹马工作的 3.5 倍的功率，并非 5 倍。同样，8 匹马在一起工作只能产生 1 匹马工作的 3.8 倍的功率。马的数量越多，功率就越不尽如人意。也就是说，并不能用简单的加法来计算几匹马在一起工作产生的功率。产生这种现象是因为套在一起的马不能协调相互的力，于是它们的力一部分变成了妨碍对方的力。

正因如此，即使是一辆有 15 匹马一起工作的马车，也无法取代一辆只有 10 马力的拖拉机。这就是拖拉机的优势。

8.7 小体积产生大功率

在本节的开篇，我们先来看几幅图。

图8-2：马头上涂黑的地方，表示不同机械发动机产生一马力功率对应的马的质量。

图8-3：小马表示钢铁制成的航空发动机的质量，小马和大马的对比说明，和大马相比，机器虽然重力很小，但可以与体积很大的牲口“比试”力量。

图8-2

图8-3

最后，图 8 –4 展示的是一部小型航空发动机的功率与马的功率的比较：汽缸容量只有 2 升的发动机可以产生 162 马力的功率。

图 8 –4

从这几幅图中我们可以看出，机器与牲口相比，优势就是小体积产生大功率。

在没有机器的年代，马、牛、大象等动物就是最强大的工具。若想提高功率，增加牲口数量是唯一的方法。一百年前人类的蒸汽机的功率能达到 20 马力，质量是 2 吨，平均一马力有 100 千克的机器质量。每匹马的平均质量为 500 千克，也就是说，蒸汽机的功率等于 5 匹马所产生功率的和。随着科技的不断进步，机器越来越小，功率却越来越大。重 120 吨的电气机车，功率是 4 500 马力。算起来，每马力只有平均不到 27 千克的机器重量。一部航空发动机只重 500 千克，却能产生 550 马力的功率，平均每马力只分到不足 1 千克的质量。

这样高的功率并不是机器的终点[①]。因为目前人类并没有完全将机器燃料利用在有用的地方。1 大卡热量能使 1 升水的温度提高 1 ℃。如果 1 大卡热量完全转化为机械能，产生的功就是 4 186 焦耳。这些功可以将重 427 千克的物体提升 1 米（图 8 –5）。不过，我们现在只能利用它的 10% ~30%，

① 到目前为止，绝对功率最大的当属火箭发动机，它产生几十万甚至几百万以上马力的功率只需很短的时间。

也就是差不多 1 000 焦耳的功。

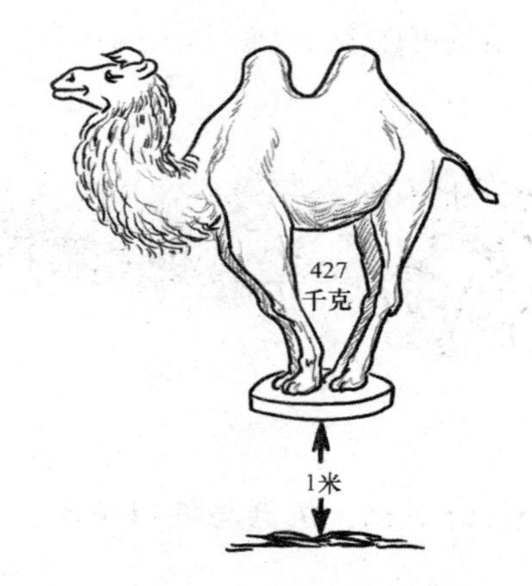

图 8 -5　1卡热量变成机械功以后，能够将427千克的重物提高到1米

火药是各种机械能源中功率最大的。现代步枪的质量大约为 4 千克，发射时却能够产生 4 000 焦耳的功，而实际上起作用部分的质量还不到整支枪的一半。在枪膛里受火药气体作用，枪弹只有$\frac{1}{800}$秒的滑动时间。功率是按秒来计算的：4 000 × 800 = 3 200 000 焦耳/秒，合 4 300 马力。那么，以这支枪起作用的部分为准，每马力只合 0.5 克的质量！这 0.5 克是多小的"马"啊，它产生的功率却可以抵得上一匹真马！

如果是从绝对功率来讲，大炮就是威力最大的一个。它能以每秒 500 米的速度将重达 900 千克的炮弹射出 ，而且这还不是最快的。在百分之一秒内炮弹就能产生多达 1 亿 1 千万焦耳的功。这么大的功足以把质量为 75 吨的物体抬至高达 150 米的齐阿普斯金字塔顶（图 8 -6）。换算成功率那就是 110 亿瓦特，合 1 500 万马力。图 8 -7 展示的是一门巨型海军炮能够产生的能量。

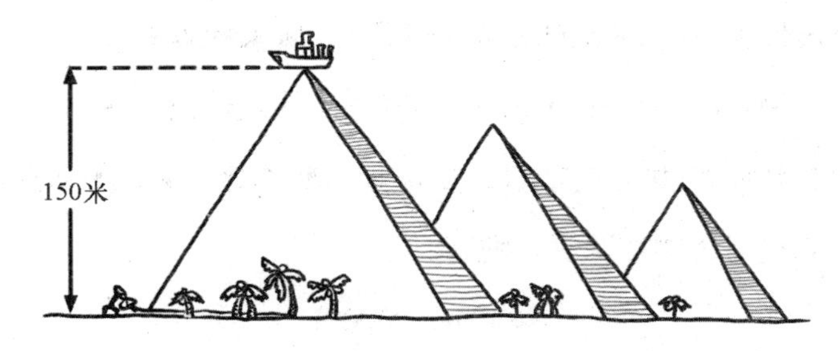

图8－6 大炮发射所做的功，足以将75吨的重物提高到最高的金字塔顶端

图8－7 相当于发射巨型海军炮弹的能量的热，可以融化36吨冰块

8.8 狡猾的称货法

一些缺乏职业道德的商人经常会运用一种狡猾的称货方法，使得给顾客的商品缺斤少两，但顾客又不易察觉。那么，他们是用什么方法蒙蔽了顾客呢？

原来，这些商人把最后一点平衡秤盘的货物从高处扔下，而不是像放之前那些货物一样轻轻地放入秤盘。这时秤上显示的示数似乎称足了，但如果顾客待到天平停住的时候再看，就能发现货物根本没到要称的质量。这是因为，降落的物体给着力点的压力比物体自身的重力大。下面就是这样一道计算题：

设一个质量为10克的物体从高于秤盘10厘米处落下。

$$0.01\ 千克 \times 0.1\ 米 = 0.001\ 千克米 \approx 0.01\ 焦耳$$

这个约等于0.01焦耳的能量，使秤盘稍稍下沉。假设秤盘下沉了2厘米。以F代表此时作用在秤盘上的力。

$$F \times 0.02 = 0.001$$

$$F = 0.05\ (千克) = 50\ (克)$$

最后这块物体对秤盘产生了50克的压力，而这块物体本身也不过只有10克而已。也就是说，这样狡猾的称法让顾客少拿了50克的货物。

8.9 亚里士多德的疑惑

如果将重物压在一柄斧头上，这样的情况下木头只受到很小的破坏力。但将斧头拎起砍在木头上，即使砍这一下落下来的力比重物的重力小得多，木头也一定会被劈成两半。出现这两种不同情况的原因是什么呢?

上述问题是亚里士多德在其著作《力学问题》中提出的三个问题中的一个。亚里士多德生活在伽利略奠定力学基础（1630年）的两千年前。由于缺乏对力学的认识，当时并没有确切的答案来解答这道题。不过，在力学已经被阐释得很全面的今天，我们完全有能力解释这个现象。

斧头被拎起砍向木头时，会产生两种能。一种是斧头被举起时产生的能；另一种是，斧头向下运动时产生的能。

假设这把斧头的质量是2千克，被拎起至2米高的空中。那么这把斧头被拎起时的能就是质量与高度的乘积$2 \times 2 = 4$公斤米。斧头砍下去时有两个力起作用：人的臂力和重力。人的臂力使斧头向下的运动加快，于是斧头拥有了更多的能。如果人的手臂在挥动时力量不变，那么举高时候的能量就等于落下时的能量，即 4 公斤米。可以得出斧头砍向木头的能是 8 公斤米。假设砍进木头里 1 厘米，斧头的速度在 1 厘米的路程里减为 0，耗尽了斧头的动能。F 代表压力，得出：

$$F \times 0.01 = 8$$

$$F = 800 \text{（千克）}$$

压力是 800 千克，也就是说砍进木头的力量是 800 千克，这可是个不小的力。

解开了亚里士多德的疑惑，但新的问题又出现了：光凭人肌肉本身的力量根本不足以劈开木头。既然这样，它又是怎样将力量传导到斧头上的呢？原来，在斧头一上一下的运动中获得的 8 公斤米的能量完全消耗于仅仅 1 厘米中，压力与斧头走过的距离差距太过悬殊，所以会像一部锻锤“机器”。在机械中，用 5 000 吨的压力机才能代替 150 吨的汽锤，600 吨的压力机只能代替 20 吨的汽锤，也是同样的道理。

用这个道理还可以解释马刀为何能够杀敌。整把刀的能都作用在极其细的刀刃上，每平方厘米的刀刃上聚积了将近几百大气压的强大压力。不过，战士对马刀的挥动幅度也影响着砍进的深度。如果马刀在砍进敌人身体之前挥动了 1.5 米的路程，在砍进敌人身体后深入了 10 厘米，也就是挥动得到的能量消耗在 10 厘米的路程中。战士挥动马刀的手臂就相当于增加到 10 到 15 倍的力量。此外，影响砍进深度的还有砍的方法，战士砍杀敌人时要切，因为战士要将刀抽回来。

8.10 易碎物品加衬垫的原理

我们在日常生活中可以见到用稻草、刨花、纸条等材料做衬垫的易碎品包装（图8-8）。这样的包装可以有效保护易碎品搬动时的安全。然而，你知道这样做可以减小震荡，防止物品破碎的原理是什么吗？

图8-8　鸡蛋装箱的时候，为什么要用刨花衬垫

我们知道，同样大小的力，作用面积越大，单位面积所受的力就越小。包装里的衬垫使易碎物品的接触面积增大，由原来的棱棱角角的接触变成了面的接触。这样，在搬动易碎品时使得物品间的压力分布于大的面积上，各部分相应的压力就变小了。

在物品受到震动时，单个物品会运动起来，撞到相邻的物品时停止。也就是说，物品运动产生的能量通过挤压相邻的物品而耗尽，这就会导致物品破碎。力 F 和距离 s 的乘积（Fs）等于所消耗的能量，因为距离极短，所以这个挤压力是非常大的。被压进几十分之一毫米，玻璃或鸡蛋壳就会破碎。在有柔软衬垫的包装里就不同了，这些衬垫可以使力要走的路程 s 变长几十倍，挤压在相邻物品上的力 F 也就随之减小几十分之一。

这就是易碎物品加衬垫的两个原理。

8.11 杀死野兽的能量

有这样一个关于熊和树干的故事：

一只熊发现树上有一个蜂房，于是向树上爬去。在树干的中间，有一根半悬着的木头将熊拦住了（图 8 –9）。这只熊将木头推向别处，可是木头摆开后迅速回到原位，将熊撞了一下；它又用大一点的力气将木头推开，

图 8 –9 熊和悬挂的木头较量着

木头像上次一样回到原位时撞了熊一下，这下撞得比上次重。熊被激怒了，它一次次狠狠地推开木头，木头也不客气地一次次狠狠地回撞这只熊。最终，木头“赢得了”这场战斗，这只熊筋疲力尽地从树上掉到了树底下尖锐的木橛上。

那么，是什么力量将这只熊打下了呢？

原来，正是这只熊自己将自己打了下来。之所以这么说，是因为回撞熊的木头是从熊那里得到的力。当熊向树上爬时，它的一部分肌肉转换为向上的身体的势能，这个身体的势能后来转变为让它坠落到尖木橛上的能。同样，在熊将悬着的木头推开的时候，它的肌肉的能已经转变成了举起木头的势能，木头的动能就是势能向下落时转变成的。总之，这只熊是自己害死了自己。爬上树的如果换成别的野兽，它的力量越大，受的伤害就越严重。

图 8 – 10 和图 8 – 11 展示的是非洲人布置的两种捕猎工具。图 8 – 10 所示的工具，如果有一只大象碰到地面上的绳子，一段带着尖叉的沉重木头就会扎到它的背上。图 8 – 11 展示的工具比图 8 – 10 的还要巧妙：如果有野兽碰到绳子，瞬时就会有张满的弓发射出弓箭射击野兽。

这两种杀死野兽的能量来源与开头讲的熊与树干的故事不同。这个能量来自布置这些工具的人的能量，只不过转换了形式。人把木头举高时所消耗的功转变成了木头从高处落下时所做的功。第二种工具中，猎人拉弓时所做的功就是弓箭发射时的功。野兽只是将这些能量释放出来。如果要再次捕猎，就要重新布置这些工具。

图 8－10　非洲森林里猎象用的机关

图 8－11　非洲森林里猎兽用的自动发箭器

8.12　自己工作的机械

有这样一种表，其外壳是密封的，能很好地防止水分和灰尘对表内机件的伤害，而且你只要将它戴在手上，无须上发条，表针也能准时准点地走动。如果你白天把表在手腕上戴几个小时，即使晚上将它放置在桌上不动，它也能正常运行一整夜。有的人可能觉得这样的表只适合有一定体力劳动的人，例如裁缝、钳工、打字员、钢琴家等，完全的脑力劳动者则无法让表上紧发条。其实，这样的看法并不正确。即使像脉动那么小的震动，也足以让这种表上紧发条。几个小动作就可以使表里的重锤将发条带动起来，准确地走三四个小时。

虽然这种表是自动上发条，但它也需要消耗一些主人的能才能走起来。带着这样的手表，手臂在做动作的时候要比戴普通手表多消耗能量，因为克服弹簧的弹力要消耗人体一定的能量。有一个聪明的钟表店老板，他想出来一种让顾客帮忙给表“上发条”的好办法。这个老板在钟表店的门上安装了一个弹簧，当顾客推门进来或开门出去的时候，为克服弹簧的力就会多用点能量，这些能量传导到“自动”上发条的表上，表就获得了足以维持表针走动的能量。

还有一种与自动上发条的机械表原理一样的机器——测步仪。这是种很小巧的仪器，大小和形状与怀表差不多。人们将它装进衣服口袋中可以计算出走了多少步。图 8 - 12 展示的就是测步仪的内部构造和字盘。重锤 *B* 是这种仪器的主要构成零件。重锤 *B* 固定在可以绕 *A* 点旋转的杠杆 *AB* 的一端。有一个软弹簧使它停留在图上所示的位置上，就是仪器的上半部。身上装着这种仪器的人在走路时，身体微微抬起一下紧接着落下来，仪器中的机械也跟着上下弹动。要注意的是，在惯性的作用下，重锤 *B* 自己仍然处于仪表的下半部，并不是立即跟随人体上升。人体向下时，同样是由于惯性，重锤 *B* 向上运动。所以，人每活动一步，杠 *AB* 就一次上一次下地摆动，小齿轮推动字盘上的指针转动以记录杠杆的摆动，实现记步的作用。与上面讲的手表一样，测步仪也是要消耗一些人体能量的。重力和拉住重锤 B 的弹簧的弹力都会让走路的人花费比平时更多的能量。

这样一看，上面的两种机械都是消耗了人的能量才运转的，并不是完全的自动工作的机械。

图 8 －12 测步仪及其构造

8.13 钻木取火

不知道各位读者有没有试过用两块木头相互摩擦来取火。这样的方法在书上说得简单，可实际操作起来就难了，很多人描述过有关于利用摩擦取火失败的片段。

凡尔纳的小说《神秘岛》中有一段啥伯与水手潘克洛夫关于摩擦生火的对话：

“我们可以试试用两块木块儿摩擦生火，就像原始人那样。”

“我的孩子啊，我敢说，你尝试的结果就是两手磨出血泡，根本生不出火。”

“但是，好多书上都介绍过这个方法啊。”

“除非那些人有超人的能力，否则根本做不到。我曾经多次尝试这种方法取火，都以失败告终。还是老老实实地用火柴吧。”水手回答。

倔强的潘克洛夫还是决定去尝试一下。他找了两个干木块，用尽全力摩擦它们，如果可以将他用的力气全转化为热，烧沸轮船的锅炉也不在话下。可是，两块木头就是不燃烧，只是稍稍热了一点。

一个小时过去了，大汗淋漓的潘克洛夫把木块摔到地上，郁闷地说道："真是想不明白，原始人是怎么用这个方法取火的，要我说啊，把两手相互搓搓还比这热呢。"

让我们通过计算来解释一下为什么会出现这种情况。

看图 8－13，在木棒 AB 上的木棒 CD 每秒来回移动一次，单次移动距离是 25 厘米。木头之间的摩擦力是人手给予木棒压力的 40% 左右。假如人手对木棒的压力是 2 千克，那么 $2\times0.4\times9.8$ 得出大约 8 牛顿的力就是实际的作用力。木棒 CD 每秒来回一次的距离是 $25\times2=50$ 厘米，这段距离上做的功是 $8\times0.5=4$ 焦耳 ≈0.96 卡。由于木头的导热性差，机械摩擦所产生的热量只能到达木头很浅的地方。如果是受热层仅仅为 0.5 毫米的木头，接触面宽为 1 厘米，相互摩擦时木棒的接触面积是接触面宽度和接触面长度的乘积，那么摩擦生出的热就要分给 $50\times1\times0.05=2.5$ 立方厘米大小的体积。2.5 立方厘米的木头质量在 1.25 克左右①。木头热容假设为 0.6 卡/(克·摄氏度)，在不考虑周围空气冷却的情况下每秒升高的温度为：

$$\frac{0.96}{1.25\times0.6}\approx1.3\ (\text{摄氏度})$$

实际情况中，摩擦生火的木棒是要被空气冷却的。因此，木棒在摩擦

① 注释：此处设木头的密度为 0.5 克/厘米^3。

过程中非但不热反而变冷的情况是能够出现的。

图 8 - 13　书本里介绍的摩擦起火的方法

到底原始人所用的摩擦生火的方法与小说中讲的这段有什么区别，从而导致小说中的取火失败呢？原来例子中的年轻人只是用两块普通的木头，而原始人是用削尖的木头在木板上钻孔（图 8 - 14）。

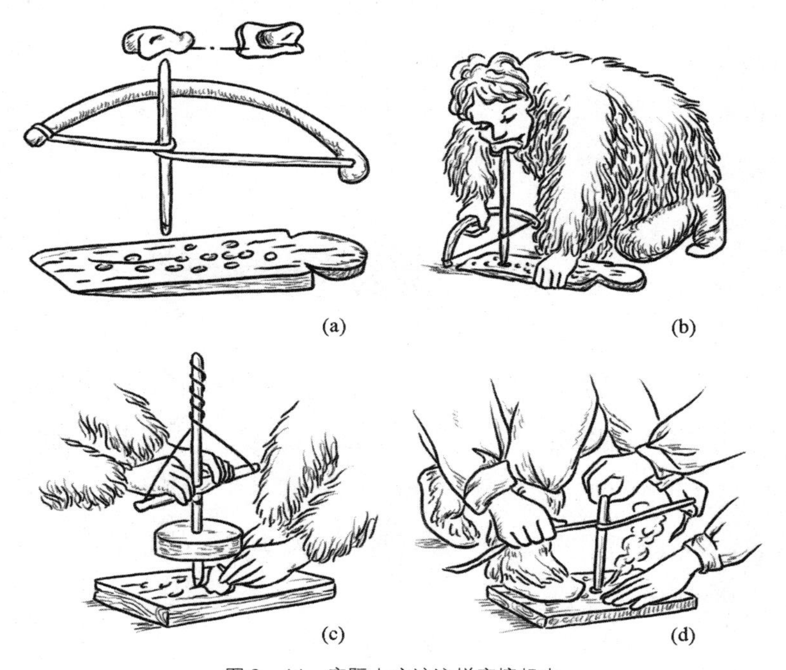

图 8 - 14　实际上应该这样摩擦起火

设转火的木棒横截面的直径是1厘米，它钻进木板的深度也是1厘米。拉动25厘米的钻弓来回一次要用1秒的时间，假设拉动力为2千克。每秒产生的功就是：

$$8 \times 0.5 = 4\text{（焦耳）} \approx 0.96\text{（卡）}$$

虽然产生的热量和上面那种情况是一样的，但由于受热体积只有3.14×0.25=0.15立方厘米，这块受热的木头也有0.075克的质量。那么理论上每秒所升高的温度就是：

$$\frac{0.96}{0.075 \times 0.6} \approx 22\text{（摄氏度）}$$

木头的燃点大约是250摄氏度（在钻木取火时木头受热部分的热量不易损失），通过计算：

$$250\text{摄氏度} \div 22\text{摄氏度} \approx 11$$

因此，只要11秒的时间钻木取火就成功了①。

司机常说车辆的润滑不够就有烧坏的危险，也是同样的道理。

8.14 弹簧的能去哪了

如果你用力将一个钢板弹簧掰弯，再把它扔进装有硫酸的杯子里，不一会儿，硫酸就将钢板弹簧溶解了。钢板弹簧消失了，那我们掰它时所用的能量也随之消失了吗？

大家都知道能量守恒定律，能量是不会消失的。但如果没有消失，能量又去了哪里呢？

---

① “火犁”和“火锯”也是原始人常用的取火方式，这两种方法是使木头里的木屑受热，同样不会损失太多热量。

如果你是将这个弹簧用来做提东西或者转动车轮这样的工作，你掰弹簧时付出的能量此时就会被分配为两种：一种是做了有用的工作，另一种被用来克服摩擦阻力。

我们在开始所讲的被丢进硫酸中的能量则转换为了完全不同于此的形式。

掰钢板时的能可以转化为热能，促使硫酸升高自身的温度，虽然只升高很少温度。我们可以计算一下：

假设钢板弹簧在弯曲后两段的距离比弯曲前少了大约 0.1 米（即 10 厘米），如果弯曲弹簧的力的平均值大约是 1 千克，也就是说弹簧的应力为 2 千克。那么，弹簧的势能就是

$$1\times9.8\times0.01\approx1\ (\text{焦耳})$$

能量这么小，转化成的温度自然就不高了。

在硫酸腐蚀钢板弹簧的时候，钢板弹簧会弹开，这个动作带动了它附近硫酸的运动，这是能量转化后产生了另外一种——动能。

被掰弯的钢板弹簧能量还有一种转变形式，那就是化学能。转化为化学能的部分，会影响硫酸对弹簧的腐蚀速度。如果这个化学能可以对钢板弹簧的溶解产生推动作用，那就会加快腐蚀，反之则是减慢的作用。要想知道腐蚀到底会减慢还是加快，就必须通过实验来检测：

用力将钢板弹簧掰弯，用两根距离为 0.5 厘米的玻璃棒夹住，将它们放入玻璃缸中［图 8－15（a）］。将另一个钢板不掰弯，直接放入玻璃缸中［图 8－15（b）］。在玻璃缸中倒入硫酸。没过多久，钢板弹簧崩成了两节，这两节很快就被硫酸溶解了。仔细记录这两个钢板融化的时间，可以发现被弯曲过的钢板弹簧融化时间更长。这个实验证明，钢板弯曲所转化成的化学能起到了阻止硫酸腐蚀钢板的作用。

看来，被丢进硫酸中的弯曲钢板的能量的确没有消失，而是转化成了

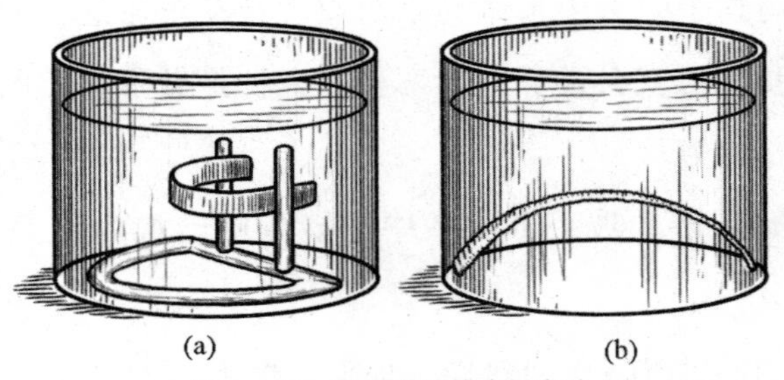

图 8 –15　弯曲弹簧的溶解实验

热能、动能和化学能。

运用类似的思考方式，我们再看看下面这道题。

当一捆木柴被人从平地拎到四楼的时候，木材的势能随着高度的增加而增加。在燃烧时，木材的这些势能转化成什么了呢？

原来，经过高温燃烧的产物就是燃烧之前的木材，燃烧后因为离地面有一定距离，所以这些产物也拥有比在地面上时更大的势能。

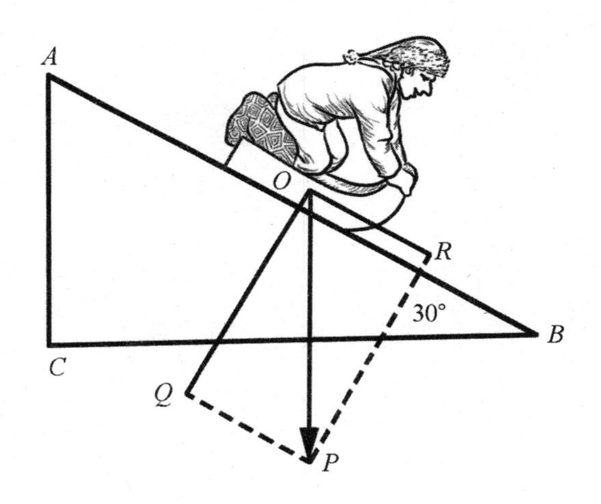

Chapter 9

摩擦力和阻力

9.1 雪橇能滑多远

［**题**］从长 12 米，坡度为 30°的雪山滑道上滑下一只雪橇，它滑到山脚下以后，沿着水平方向继续前进，那么这只雪橇停下来时，会滑行出多远的距离？

［**解**］由题意知，雪橇在滑道上滑动时，受到摩擦力的作用。雪橇下部的铁条与雪之间的摩擦系数是 0.02。因此，当雪橇滑到山脚下时所具有的动能全部消耗在克服摩擦做功上时，雪橇就会停下来。

下面我们就来计算一下雪橇滑到山脚时所具有的动能（图 9-1）。由于 AC 所对的角为 30°，所以雪橇滑下的高度 $AC=0.5AB$，即 $AC=6$ 米。设雪橇的总重力为 P，那么雪橇在滑动之前所具有的重力势能为 $6P$ 公斤米。雪橇滑到山脚下的过程中，重力势能转化为动能和摩擦所产生的热能。对雪橇进行受力分析，把重力 P 分解成跟 AB 垂直的分力 Q 和跟 AB 平行的分力 R。那么，雪橇所受的摩擦就等于 $0.02Q$。又因为 Q 等于 $P\cos 30°$，所以 $Q=0.87P$。因此，雪橇滑到山脚的过程中，克服摩擦力所做的功为

$$0.02\times 0.87P\times 12=0.21P\text{（公斤米）}$$

所以，雪橇到达山脚时所具有的动能为：

$$6P-0.21P=5.79P\text{（公斤米）}$$

雪橇到达山脚后，由于动能的作用沿着水平方向继续前进。设停止前所走的路程为 x，那么停止前摩擦力所做的功就是 $0.02Px$ 公斤米。由题意可以列出方程

$$0.02Px = 5.79P$$

解方程，得

$$x = 290 \text{（米）}$$

也就是说，雪橇从雪山上滑下以后，还可以沿水平方向前进290米。

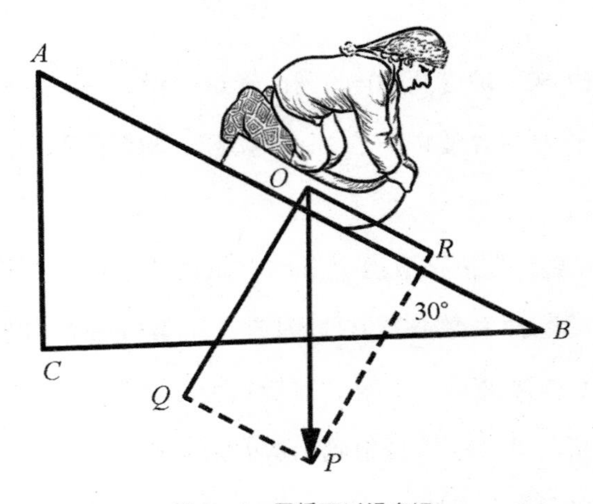

图9-1　雪橇可以滑多远

9.2　刹车以后

[题] 有一辆汽车以每小时72千米的速度沿水平方向前进，司机刹车的时候，假设空气的阻力为汽车所受重力的2%，那么汽车能在公路上再前进多远？

[解] 这道题的解法跟上一题非常相似，都是利用动能来求解的。设汽车的质量为m，速度为v，所受的重力为P，在水平方向所前进的距离为x，那么汽车的动能可以表示为$\frac{mv^2}{2}$。由于在前进过程中，汽车的动能全部转化

为克服阻力所做的功。而由于阻力的大小为汽车重力的2%，所以在这一过程中汽车克服阻力所做的功为$0.02Px$。由题意可以列出方程：

$$\frac{mv^2}{2}=0.02Px$$

P为汽车的重力，所以，$P=mg$。方程式可以转化为：

$$\frac{mv^2}{2}=0.02mgx$$

解得：

$$x=\frac{25v^2}{g}$$

在所得的关于x的表达式中，不包含汽车的质量m。将汽车的速度$v=20$米/秒，重力加速度$g=9.8$米/秒^{2}代入关于x的表达式中，可得，x约等于1000米。即当空气阻力一直为汽车所受重力的2%时，司机刹车以后，汽车会向前滑行大约1000米。而我们知道，随着汽车速度的增加，空气的阻力会迅速变大，所以，很多时候汽车实际受到的阻力不止它所受重力的2%，也就是说，刹车以后，汽车一般不会滑行那么远的距离。

9.3　不一样大的前后轮

很多人曾经注意到，大部分的马车前轮比后轮要小一点。但对于个中原理，以及人们为什么要这么做，我们因习以为常而没有认真思考过。

下面我们就来分析一下这个问题。把前轮做得稍微小一些的好处其实非常明显，当前轮较小的时候，前轮的轴线就会比较低，这样，车辕和挽索就会比较倾斜。如图9－2（a）所示，当车辕AO倾斜而且A处于较高的位置时，我们就可以把马的拉力 *OP* 分解为向前的作用力 *OQ* 和向上的作用力 *OR*，这样，马就可以借助向上的作用力 *OR* 很容易地把车子从坑洼的地方拖出来。而如果是图 9－2（b）那样，车辕是水平的，那么，我们就无法在拉力中分解出向上作用的力，这时如果要把车子从坑洼的地方拖出来就会比较困难。

图 9－2　为什么前轮比后轮小一些

而后轮之所以不做得跟前轮一样大，而要比前轮稍大一些，是因为滚动体的摩擦力与它的半径成反比例关系，也就是说，大轮子所受的摩擦力要比小轮子要小。这样，前轮比后轮小的原因就很明确了。

我们还注意到，汽车和自行车的前后轮都是一样大的。这其实是因为汽车和自行车大多行驶在保养得比较良好的道路上，路面一般不会有坑坑洼洼的现象，在这种情况下，我们就没有必要故意放低前轮轴了。

9.4　大部分能量用在了哪儿

我们都看过划艇比赛，八个健壮的船员全力划动船桨，赛艇才能以大约每小时 20 千米的速度前行。而对于一个船员来说，让他以每小时 6 千米的速度划动小艇并不是一件非常困难的事，但是如果让他把速度提高到每小时 7 千米，那么他就划得很吃力了，基本上需要用尽全力。

我们经常误以为在机车和轮船的运动过程中，它们所消耗的全部能量都是用来维持本身的运动的。但实际上，以机车为例，在它运动的过程中，只在最初的四分之一分钟里所消耗的能量是用来维持它的运动的，而在平路上前行的其余时间里，它所消耗的能量其实是用来克服摩擦和空气阻力的。由于克服摩擦力所做的功都转化成了热能，所以我们甚至可以说电车所耗的电几乎全部用来加热城市的空气了。由于在没有阻力的情况下，匀速运动的过程中是不需要施加什么力的。也就是说，如果没有阻力，火车在最初的一二十秒内完成加速过程之后，就能不再消耗任何能量而只依靠惯性的作用一直跑下去。

就像我们前面所说的那样，在没有阻力的情况下，匀速运动是不需要消耗能量的。但是在现实生活中，没有阻力的情况是不存在的。因此在现实生活中，匀速运动会消耗一些能量，这些能量所起的作用就是克服运动过程中的一切阻力。以轮船为例，轮船前行过程中，机器不停运转其实就是为了克服水的阻力。无论跟汽车与地面的摩擦相比还是跟空气的阻力相比，轮船在水中所受的阻力都要大得多。而且，在轮船向前运动的过程中，它所受的水的阻力跟它速度的二次方成正比例关系，也就是说，在行进过程中，轮船所受的阻力会随着速度的增加而迅速增加。这也是轮船速度跟汽车、火车速度相比慢很多的原因。

事实上，在水中运动的物体，不仅受到的阻力随速度的增加而迅速增大，而且受到的水的携带力也随速度的增加而迅速增大。在下面一节中我们会具体讨论一下这个问题。

9.5　流水的力量

众所周知，当河水冲刷河岸的时候，会将一些冲下的碎块带到别的地方去。平原上流得比较慢的河流通常能带走一些细沙，而在流得比较快的河流中，我们经常能看到，比较大的石块也能被水冲得沿着河道翻滚。水的这种巨大的力量常常让我们感到震惊。水流的速度哪怕只是增加一点点，水流冲击石块的力量就会增大许多。对于原本只能带走细沙的河流，如果把它的流速增大到原来的 2 倍，那么它就不只能够带走沙粒了，这时带走巨大的鹅卵石对它来说也不是什么难事。如图 9 –3 所示，如果把山上流速本来就很快的小河的速度增加到原来的 2 倍，那么它就能带走 1 千克，甚至 1 千克以上的大石头。水为什么会具有如此大的力量呢？下面我们就来分析一下。

图 9 –3　山涧急流使石块滚动

这是一个关于流体力学的问题。在这里，我们会遇到一个非常有趣的定律，那就是“艾里定律”，这是流体力学里的一个定律。它认为，当水的流速增加到原来的 n 倍时，水流所能带走的物体的质量就能增加到原来的 n^6 倍。这是自然界中非常少见的六次方比例，它存在的原因是什么呢？

如图9－4所示，我们假设在河底有一块立方体石块，它的边长为 a。那么，石块的侧面 S 上会受到水流压力 F 的作用，而石块整体会受到重力和浮力的作用，用 P 来表示重力和浮力的合力。

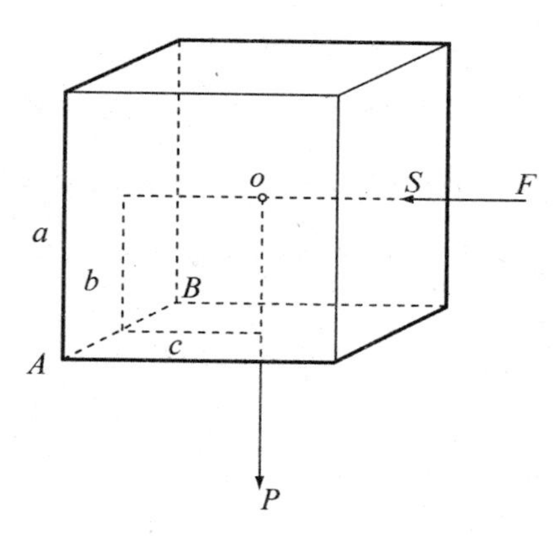

图9－4　石块在水流里受到的作用力

由图9－4可知，力 F 的作用主要是以 AB 为轴把石块翻转过去，而力 P 的作用则主要是阻碍石块绕 AB 轴翻转。由题意可知，要想使石块保持平衡状态，那么必须使力 F 和力 P 相对于 AB 轴的“力矩”相等。也就是说这两个力与它们到轴之间距离的乘积必须相等。力 F 的力矩是 Fb，力 P 的力矩是 Pc。由于 $b=c=\frac{a}{2}$。所以只有当

$$F\times\frac{a}{2}\leqslant P\times\frac{a}{2}$$

也就是

$$F \leqslant P$$

时，石块才能保持静止。

用 t 表示力的作用时间，用 m 表示在 t 秒内对石块产生作用的水的质量，用 v 表示水的流速，那么由物理学定律知：$Ft = mv$。

又因为水在流动过程中，对垂直于水流方向的平板所产生的总压力，与平板的面积和水的流速的平方成正比例关系。由此，我们可以列出如下等式：

$$F = ka^2v^2$$

由于力 P 的大小等于石块所受重力的大小减去石块所受浮力的大小，也就是说，力 P 的大小等于石块的体积 a^3 乘以石块密度 d，减去石块所受的浮力。由阿基米德定理知，石块所受的浮力大小等于与石块同体积的水所受的重力大小，所以：

$$P = a^3d - a^3 = a^3\ (d-1)$$

因此，我们可以把不等式 $F \leqslant P$ 改写为：

$$ka^2v^2 \leqslant a^3\ (d-1)$$

计算之后，得出：

$$a \geqslant \frac{kv^2}{d-1}$$

也就是说，在流速为 v 的水流中的方石块如果能不被冲走，那么它的边长 a 与水的流速 v 的二次方成正比。而对于一个立方体石块来说，由于密度一定，所以它所受的重力与它的体积成正比，也就是与它边长的三次方成正比。由于

$$(v^2)^3 = v^6$$

我们很容易就能推断出，对于立方体石块来说，水所能带走的石块的

质量与水流速的六次方成正比。

这样，我们就利用立方体石块，验证了“艾里定律”。利用相似的方法，我们还能证明这个定律对于任何形状的物体都是成立的。为了方便证明，我们通常采用的是一些近似的值，虽然论证不能像现代的流体力学所给出的论证那样精确，但是也可以说明问题。

下面我们举个例子来帮助大家更好地理解“艾里定律”。假设有这样三条河：第二条河的流速是第一条河的两倍，而第三条河的流速又是第二条河的两倍。也就是说，三条河的流速的比为1∶2∶4。根据艾里定律，我们很容易就能计算出，这三条河水所能带走的最大石块的质量之比应该是$1:2^6:4^6$，也就是1∶64∶4 096。由此可以推断出，如果第一条河水流非常缓慢，最多只能够带走$\frac{1}{4}$克重的细小沙粒，那么对于水流速度是它的两倍的第二条河流来说，它最多就能带走16克重的小石子，而对于水流速度是第二条河的两倍的第三条河来说，它完全能够冲走质量达1千克的大石块了。

9.6　下落的雨滴

坐火车时，人们常常会发现一个非常有趣的现象，雨水淋在火车的玻璃窗上之后会形成一条条的斜线。这个过程中，两个运动是按照平行四边形的规则进行合成的，而且合成之后的运动是直线运动（图9－5）。由于火车是匀速运动的，学过物理学的人都知道，这种情况下合成后的运动如果是直线运动，那么另外一个运动，也就是雨滴的下落也应该是一个匀速运动。如果雨滴下落时不是匀速运动，那么玻璃上的雨水应该形成的是曲线而不是直线。当雨滴匀加速下落时，甚至还可以形成抛物线。车窗上的直线只能说明一点，那就是雨滴下落过程中做的是匀速运动。这是个出人意料的结论，乍一看甚至有些荒谬，落下的物体居然是匀速运动。这是怎么回事呢?

图 9－5　雨水在车窗上形成的路线

其实，雨滴下落过程中之所以做的是匀速运动，是因为它们受到的空气的阻力跟它们本身的重力处于一种平衡状态，此时不能产生加速度。

如果没有空气阻力，雨滴下落过程中就会产生加速度，这样下雨对我们来说就无异于一场灾难。雨云一般聚集在距离地面 1 000 米～2 000 米的地方，如果没有空气阻力，当雨滴从 2 000 米的高度落到地面上时，它的速度应该是

$$\begin{aligned} v &= \sqrt{2gh} \\ &= \sqrt{2 \times 9.8 \times 2\,000} \\ &\approx 200 \text{（米/秒）} \end{aligned}$$

这是一个非常大的速度，手枪子弹的速度也不过如此。虽然雨滴的动能不如铅弹，甚至只有铅弹的十分之一，但下落速度这么快的雨滴砸在我们身上，一定还是会非常不舒服。

下面我们就来研究一下雨滴落在地面上时的速度大概是多少。首先来解释一下雨滴匀速下落的原因。

我们前面说过，物体受到的空气阻力随物体速度的增大而迅速增大，因此雨滴下落时所受到的空气阻力在整个下落过程中并不相等。在雨滴最初降落的那个瞬间，落下的速度非常小，这个时候，雨滴所受的空气阻力也非常小，可以忽略不计。接着，雨滴下落的速度开始增加，这时空气的阻力也开始迅速增加，但空气的阻力还小于雨滴所受的重力，所以雨滴仍是加速落下的，只是在此时加速度要比自由落体的加速度小。之后，空气阻力越来越大，加速度也就越来越小，直到某一时刻，加速度变成了零。之后，雨滴就变成了匀速运动。匀速运动时，速度不增加，所以空气的阻力也就不再增加，这样雨滴就一直处于受力平衡状态，保持匀速运动。

由此可见，从某一高度下落的物体如果受到空气阻力的作用，那么从一定的时刻起，它一定能开始进行匀速的运动。只是对于水滴而言，达到匀速运动的这个时刻比较早。经过测量我们知道，雨滴落到地面时的速度非常小。0.03 毫克的雨滴以 1.7 米/秒的速度落到地面，20 毫克的雨滴落下地面时的速度则增加到 7 米/秒，而对于最大的 200 毫克重的雨滴落地时的速度却只有 8 米/秒。目前为止，还没有发现过比 8 米/秒更大的速度。

如图 9 – 6 所示，就是测量雨滴落地时的速度的仪器。这种仪器有两个紧紧地装在同一根竖直轴上的圆盘。其中，位于上方的圆盘上有一条狭窄的扇形缝，位于下方的圆盘上铺着吸墨纸。当测量雨滴速度时，我们只需要用伞遮着把这个仪器送到水里，并让它以较快的速度转动，然后将伞

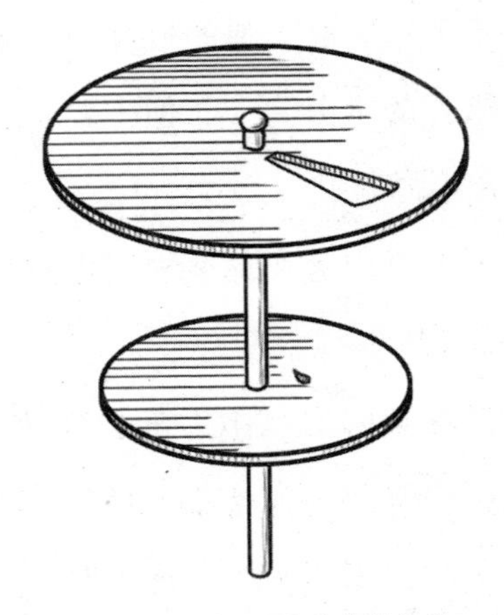

图9-6　测量雨滴速度的仪器

拿开。这时，通过上面圆盘上的缝隙的雨滴就会落到下面的圆盘上。当雨滴落在第二个圆盘上时，因为两个圆盘已经转过一个角度，所以雨滴的落点会稍微偏移一些，而不在狭缝的正下方。这时，由于我们知道两个圆盘之间的距离以及圆盘转动的速度，因此根据雨滴落在下面圆盘上的位置以及狭缝正下方落后的距离，很容易就能算出雨滴下落的速度。例如，当转盘转动的速度为每分钟20转，两个圆盘之间的距离是40厘米，落下的位置与狭缝正下方的位置相比落后了圆周长的$\frac{1}{20}$，那么雨滴走过两个圆盘之间距离所花的时间也就是每分钟能转动20转的圆盘转出一周的$\frac{1}{20}$所需要的时间，即

$$\frac{1}{20} \div \frac{20}{60} = 0.15\ (\text{秒})$$

也就是说，雨滴下落0.4米所用的时间是0.15秒。据此，很容易就能求出它下落的速度：

$$0.4 \div 0.15 \approx 2.7\ (\text{米/秒})$$

也就是说，雨滴下落的速度是每秒 2.7 米。利用类似的方法我们还能求出枪弹射出的速度。

这个仪器除了能测量出雨滴的速度之外，还可以测量出雨滴的质量。测量雨滴的质量时，所依据的主要是第二个圆盘吸墨纸上的湿迹的大小。对于每 1 平方厘米吸墨纸所能吸收的水的量我们需要事先测定。

雨滴下落的速度跟其本身的质量存在下面的关系（表 9－1）：

表 9－1　雨滴下落速度与雨滴质量的关系

雨滴质量（毫克）	0.03	0.05	0.07	0.1	0.25	3	12.4	20
半径（毫米）	0.2	0.23	0.26	0.29	0.39	0.9	1.4	1.7
下落速度（米/秒）	1.7	2	2.3	2.6	3.3	5.6	6.9	7.1

水的密度要大于冰雹的密度，但是冰雹下落的速度要比雨滴大。这其实就是因为下落的速度与物体本身的密度关系不大。冰雹下落的速度比雨滴大是因为冰雹的颗粒比较大。但是，即便是颗粒大的冰雹，在接近地面的时候也是匀速下落的。

榴霰弹是一种直径大约为 1.5 厘米的小铅球，从飞机上投下的榴霰弹基本上不会伤害到我们，它们甚至连棒球帽都不能击穿。这是因为这些榴霰弹在接近地面的时候也是以非常小的速度匀速下落的。但是从同样高度投下的铁“箭”却有着非常可怕的威力，它甚至能穿透人的身体。这是因为铁箭的“截面负载”要比榴霰弹大得多，也就是说铁箭的每一平方厘米截面积上均得的质量要比榴霰弹大许多，因此铁箭克服空气阻力的能力就要强得多。

9.7　物体的下落问题

如果你玩过从山顶往下扔石块的游戏，那么你一定知道这样一种现象，那就是大石块飞的距离要比小石块远一些。这其中的原理很简单，其实就是大小石块在飞行过程中所受到的阻力差不多，但是由于大石块质量较大，所以它一开始就获得了比较大的动能，所以它克服空气阻力的能力就比小石块要强。

大众的一些常见看法常常跟科学看法存在巨大的分歧。像我们常见的物体下落的现象就是一个很好的例子。很多不太懂力学的人认为重的物体下落的速度比轻的物体要快。这个观点最早是由亚里士多德提出的，在后来的很长一段时间里，虽然曾经有过一些不同的意见，但是直到 17 世纪，才被现代物理学的奠基人伽利略彻底推翻。伽利略在证明这个观点时并没有做实验，而只是用了一系列极其简单的推理。他的想法非常聪明，证明也非常巧妙。首先，他假设有两个自然速度不同的下落物体，把两个物体捆绑到一起之后，下落速度快的物体的运动被阻滞，下落速度慢的物体的运动被加快。那么捆绑到一起的两个物体的运动速度就比原来运动速度较快的物体的速度要慢一些。而它的质量是比原来运动速度较快的物体的质量大的。假设一种运动单位——“度”，当我们把运动速度为 8 “度” 的大石头和运动速度为 4 “度” 的小石头绑在一起后，得到物体的运动速度应该比 8 “度” 要小，这就相当于较重的物体的下落速度要比较轻的物体小，与原来的假设明显是相互矛盾的，假设明显是不成立的。伽利略证明了这个误导了人们很多年的错误观点，又根据他的证明过程推导出了另外一个错误的结论，那就是：较重物体的运动速度比较轻物体的运动速度要小。

所有物体在真空中下落的速度都是一样的，它们在空气中下落的速度之所以有差异，是因为所受到的空气阻力对它们所产生的影响不同。但是空气的阻力对物体速度所产生的影响究竟有什么不同呢？如果说物体的阻力只跟物体的大小和形状有关，那么由于所有物体在真空中的下落速度都相等，所以同样大小和形状的两个物体在空气中下落的速度也应该相等。这就是说直径一样的铁球和木球的下落速度应该是一样的，这显然与实际情况是不相符的。

这种现象的原理是什么呢？

我们可以借助“风洞”（见 Chapter 1）来说明一下这个问题。首先，竖立一个风洞，然后把尺寸相同的木球和铁球悬挂在风洞里，这个时候，作用在两个球上的风力的大小是相等的，但是木球却以非常快的速度被风吹走。这是因为相同大小的风力作用在它们身上，由于 $F = ma$，所以木球得到的加速度要比铁球得到的加速度大。把这个过程倒过来之后，我们不难得出，当物体下落时，木球应该落在铁球的后面。换言之，在空气中，体积相同的铁球和木球，铁球的下落速度要比木球快。我们前面所说的炮弹的“截面负载”其实就是每一平方厘米的面积上所受的空气阻力折合成的质量。

在计算人造地球卫星的寿命时，截面负载是很值得注意的一个因素。人造卫星的截面负载越大，它的寿命也就越长。因为当卫星的截面负载较大时，空气阻力对它的运动所起的作用就比较小，它就能在轨道上维持更长的时间。

卫星进入轨道以后，会与最后一级运载火箭脱离，这时候最后一级运载火箭就会作为独立的一部分绕着地球进行旋转，此时它的轨道与装有各种科学仪器的人造卫星几乎完全相同。但是人造卫星会比最后一级运载火箭绕地球运转的时间更长，这是因为人造卫星的截面负载要比空的最后一级运载火箭的截面负载大得多。

在人造卫星绕地球运行的过程中，由于它总是在无规则地翻转，所以它与运动方向垂直的横截面的面积总是在变化，也就是说，它的截面负载一直在发生变化。只有当人造卫星的形状为球形时，截面负载才能一直保持不变。观测球形卫星的运动能够帮助我们研究高空的大气密度。

9.8　顺水漂流的小艇

我们通常认为既没有帆又没有人划动的小艇，会以与水的流速相同的速度顺流而下。这种想法其实是错误的。这种小艇运动的情形其实与物体在空气中落下的情形十分相似。很多有经验的伐木工人知道，没有帆也没有人划动的小艇顺流而下时的速度要比水流的速度快，而且小艇的质量越大，它运动的速度就越快。许多学物理的人都不知道这些，我自己也是刚刚才知道。

让我们来分析一下这种看似奇怪的现象。首先需要确定的是，小艇顺河水漂流而下的过程与传送带传送东西的过程并不一样，因为河面本身并不是水平的，而是有一些倾斜的。小艇在这个倾斜的面上会以一定的加速度下滑，而河水由于与河床之间存在摩擦力，所以河水做的是匀速运动。这样，就不可避免地会出现小艇的速度大于水流速度的情况。这之后，随着小艇速度的增大，小艇所受的水的阻力也迅速增大，加速度迅速减小，直到某个瞬间，小艇的加速度减到零，这以后，小艇就会以一定的速度匀速运动了。当小艇较重时，这个最终的速度出现得会比较晚，那么小艇匀速运动时的速度也就比较大；而当小艇较轻时，这个最终的速度出现得就会比较早，小艇最终的速度也就比较小。

有一次，我参加了阿尔泰山区的旅行，一行人要乘木筏从河的发源地捷列茨科耶湖顺流而下到比斯克城去，一共需要五天时间。出发之前，有人提出，乘坐木筏的人数过多。

“没关系，这样能走得更快一点。”作为木筏工人的老大爷说。

我们觉得非常奇怪：“木筏行走的速度不是跟水的流速一样快吗?”

“不是的，我们的速度要比水的流速快，而且木筏越重，快得越多。”

对于老大爷的这种说法，我们当然都不肯相信。老大爷为了证明自己的观点，让我们在木筏开始走之后丢一些木片到水里，果真，木片很快就落在我们后面了，而且与我们的距离越来越远。老大爷的观点得到了很有效的证明。

在木筏前行了一段时间之后，我们陷入了旋涡。打了很多转以后，我们终于从里面出来了，但是在挣扎的过程中木筏上的一柄木槌掉到了河里，很快就漂走了。我们都很担心。

老大爷却说：“不要担心，我们一会儿就追上它了。”

虽然在旋涡中挣扎了很久，但是最终我们果然追上了那柄木槌。

而在另外一个地方，我们看到前面有一排没有乘客的木筏，我们很快就追上并超过了它。

这是一位旅行家的一段话，从这段话里，我们就能很好地理解上面所说的观点了。

这同时也是从小艇上落下来的船桨一般会落在小艇后面的原因。船桨的质量比较轻，速度没有比它重得多的小艇快。这种情形在水流速度较快的河流中表现得尤为明显。

9.9 神奇的舵

船在向前行进的过程中，是由舵手通过对舵的调整来控制行进方向的。巨大的船只却由那样一只小小的舵来操纵，这是怎么做到的呢？

如图9－7所示，船只在沿着箭头所示的方向运动。我们把船当成静止的，那么根据相对运动，水就是沿着与船只行进方向相反的方向运动的。当水冲击舵 A 时，这个冲击力就会使船绕着它的重心 C 转动。也就是说，水冲击船的力量越大，舵转动起来就越容易。当船跟水相对静止的时候，舵也就无法操控船前行了。

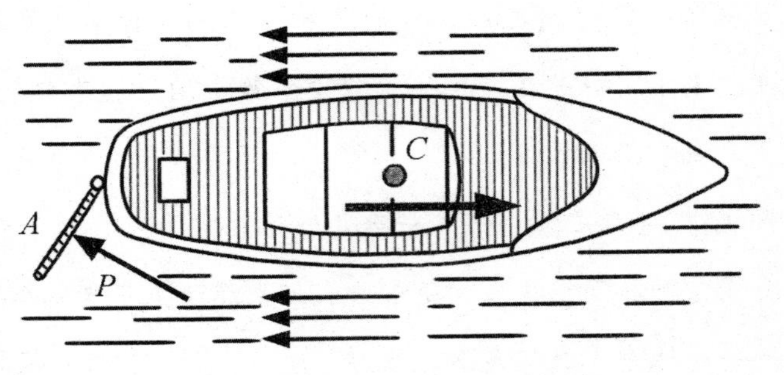

图9－7　用发动机开动的船，舵装在船尾

在伏尔加河上，人们曾用一种非常巧妙的方法来操纵河上的大平底船。由于这种大平底船没有任何动力系统，所以，在河上的时候只能顺水漂流。如图9－8所示，人们在这种船的船头装上了舵，当船要改变航行的方向时，就把用一条很长的绳索绑着的重物从船尾丢到河里，很快重物就沉入了河底，拖住了船尾。这样，大船就可以改变方向了。平底船由于装满了木材，所以运动速度比水慢，也就是说，水跟船相对运动的方向与船前行的方向一样。所以其中水对这种船的舵所产生的冲击力与运动速度比水快的船的情形相反，为了控制这种船的航向，聪明的劳动人民就想到了把舵装在船头的方法来解决这个问题。

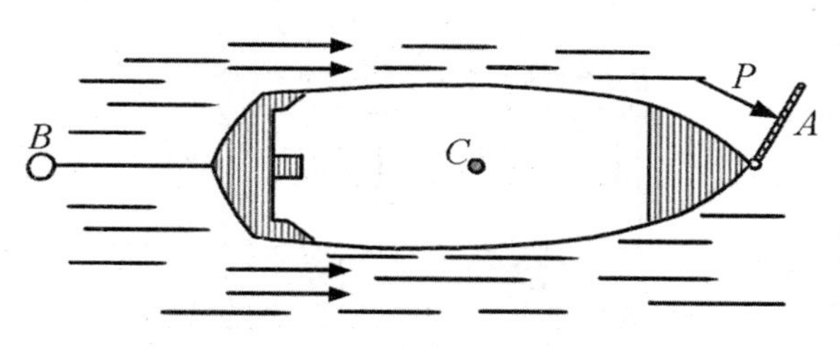

图 9 –8　当船速小于水流速度时，舵要装在船头

9. 10　站着还是奔跑

［题］在前面，我们已经谈论了许多和雨滴相关的问题。下面就用最后一道关于雨滴的题来结束对本章的学习。

假设雨滴是垂直下落的，那么在雨中待相同的时间，你的帽子是站着不动时淋得更湿，还是在雨中走动时淋得更湿？

我请教过很多研究力学的人这个问题，结果得到的答案大相径庭，有的人觉得在雨中站着不动比较不容易被淋湿，而另一些人却持有相反的意见，他们认为在雨中全速奔跑才能避免被淋成落汤鸡。到底哪样做最好呢？

关于这个问题，我们还可以换一种形式来问：

雨垂直下落，对于一辆车来说，是停着的时候每秒落在车顶的雨水多，还是行驶的时候每秒落在车顶的雨水多?

[**解**] 下面我们就来研究一下这个问题。首先从第二种问法开始。

如图 9－9 所示，当车停着的时候，每秒落在车顶上的雨水的总量其实是个以车顶为底，以雨滴下落速度 V 为高的直棱水柱。

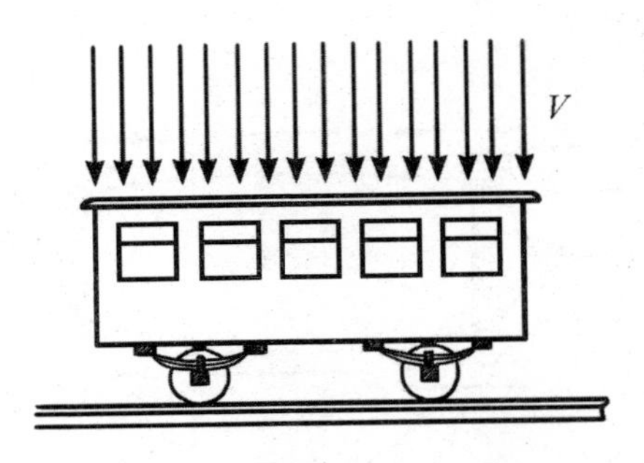

图 9－9　雨竖直落在车顶上

而当车以速度 C 向前运动时，如果我们把车看成静止的，那么根据相对运动的原理，地面就是以速度 C 沿与车本身运动方向相反的方向运动的。那么雨水相对于车来说进行了两种运动，一种是以速度 V 竖直下落，另一种是以速度 C 沿水平方向运动。如图 9－10 所示，将这两种运动合成以后，所得的合成速度 V_1 就会跟车顶成一个倾斜的角度。很明显，每秒落在车顶的全部雨水的量就是一个以车顶为底的倾斜棱柱（图 9－11）。由题意知，侧棱的长度为 V_1。设各个侧棱与竖直方向所成的角为 α，那么这个棱柱体的高就可以表示为：

$$V_1 \cos \alpha = V$$

也就是说，两个棱柱体虽然一个是直棱柱体，另一个是斜棱柱体，但它们的底和高都是相等的，所以它们的体积也应该相等。也就是说，在雨中，车无论是停着还是向前行驶着，落在车顶的雨水的量是相等的。同理，你无论是在雨中站着还是跑着，你的帽子被淋湿的程度都是一样的。

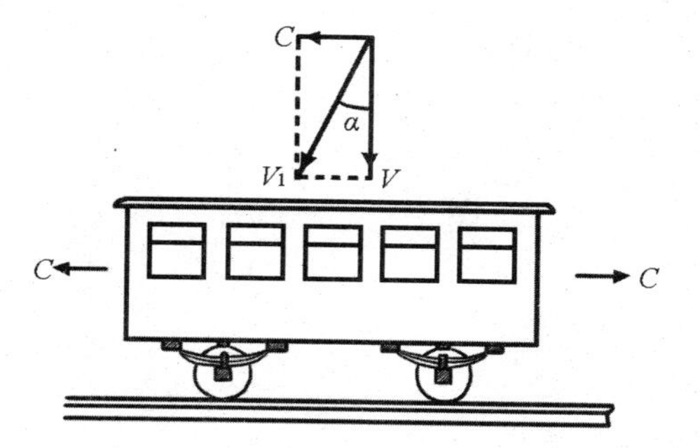

图 9 –10 雨落在运动着的车辆上的情形

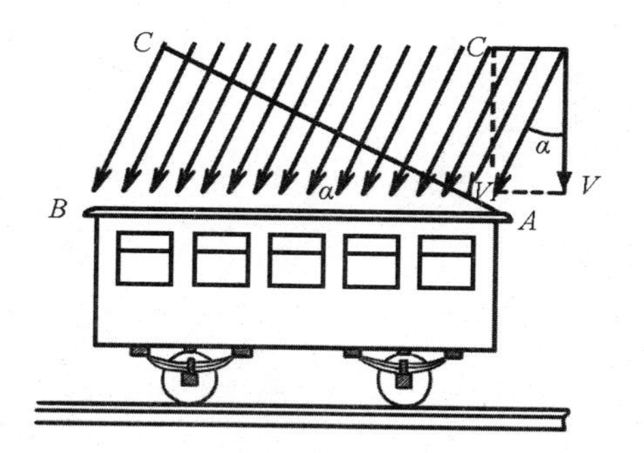

图 9 –11 落在运动着的车辆顶上的雨水

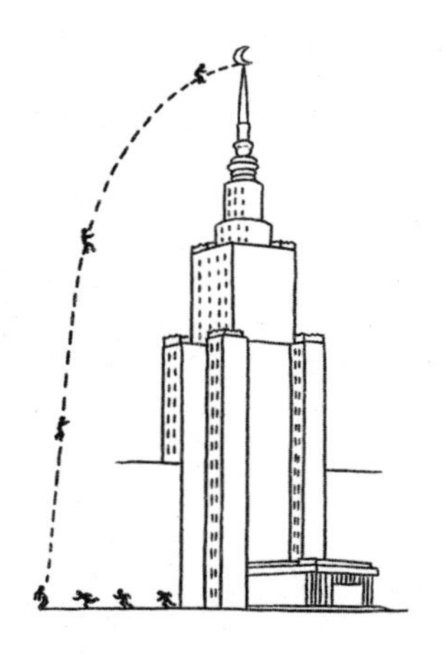

Chapter 10
生命环境中的力学

10.1 格列佛和巨人的力量

《格列佛游记》中写到了一个由巨人组成的国家——大人国。大人国的巨人身高是正常人的12倍，非常强壮有力。但事实真是如此吗？身高是正常人12倍的巨人真的有正常人12倍的力量吗？通过力学分析，我们很容易就能证明出来，这样的说法是不成立的，这些巨人非但没有正常人12倍的力量，他们的力量甚至会比常人弱许多。

下面我们就来证明一下我们所提出的这种观点。首先，假设格列佛和巨人站在一起，两人同时举起手臂。设格列佛的手臂的重力为 p，举起的高度为 h；巨人的手臂的重力为 P，举起的高度为 H。那么格列佛在举起手臂的过程中所做的功就是 ph；而巨人在这个过程中所做的功为 PH。由于巨人的手臂的重力与格列佛的手臂的重力之比等于他们的体积之比，而他们的体积之比又等于他们身高的三次方之比，也就是说，巨人手臂的重力是格列佛手臂重力的 12^3 倍，而巨人举起的高度 H 是格列佛举起高度 h 的12倍，因此

$$P = 12^3 \times p$$

$$H = 12 \times h$$

所以，巨人举起手臂所做的功 $PH = 12^4 \times ph$。也就是说，巨人举起手臂所做的功是格列佛举起手臂所做功的 12^4 倍。

举重所达到的最大高度与平行纤维肌肉的纤维长度有关，而由于举重

时质量是分布在各条纤维上的，所以，所举的最大质量与纤维的数量有关。由于这个原因，对于两条长度相同、质地相同的肌肉来说，截面积较大的肌肉能做较大的功，而对于截面积相等的肌肉来说，比较长的能做较大的功。如果我们比较的是两条长度和横截面积都不相同的肌肉，那么，能做比较大的功的就是体积较大，也就是立方单位较多的那一条。

这是生理学教程中关于肌肉力量的一段描述。由于巨人的身高是格列佛的 12 倍，所以他肌肉的体积应该是格列佛的 12^3 倍。这样我们很容易就能推断出巨人的做功能力，应该是格列佛的 12^3 倍。设巨人的做功能力为 W，格列佛的做功能力为 w，那么

$$W=12^3w$$

但是我们前面说了，巨人在举起手臂时所做的功是格列佛举起手臂时所做功的 12^4 倍。由于他的做功能力只有格列佛的 12^3 倍。所以，我们很容易就能看出，巨人要想举起手臂，要比格列佛困难 12 倍。也就是说，身高是格列佛 12 倍的巨人所拥有的力量要比格列佛弱 12 倍。由此可知，只需要 144 个正常人就可以战胜一个巨人了。

如果《格列佛游记》的作者斯威夫特想让他的巨人拥有像常人一样的做功能力，那么，他就要让他笔下的那些巨人的肌肉体积等于之前我们所算出来的肌肉体积的 12 倍。在身高不变的情况下，巨人的肌肉应该是之前我们所算出来的肌肉粗细的 $\sqrt{12}$ 倍，也就是大约 $3\frac{1}{2}$ 倍。

而当巨人们的肌肉更粗了以后，支持肌肉的骨骼自然也会跟着加强。这样巨人的质量就更大了，斯威夫特肯定没想到，要想让他创造出的巨人拥有跟常人一样的力量，巨人们的质量和笨重程度都要跟河马差不多才行。

10. 2 笨重的河马

大自然中不可能有身材庞大而不笨重的生物，我们前面所提到的河马就是一个很好的例子。我们可以拿一只身长 4 米的河马和一只身长 15 厘米的小旅鼠来做一个比较。河马和旅鼠的外形相似，从前面一节的结论我们可以知道，河马的做功能力要比旅鼠小许多，也就是说，河马的灵活程度远远比不过旅鼠。

如果它们的肌肉是相似的，那么，我们可以求出，河马的做功能力大约相当于旅鼠的

$$\frac{15}{400} \approx \frac{1}{27}$$

也就是说，河马要想获得跟旅鼠一样的做功能力，它的肌肉体积就应该是原本我们假设的 27 倍，也就是说，它的肌肉粗细要增大到原来的 $\sqrt{27}$ 倍。当肌肉变粗以后，支撑肌肉的骨骼也必然要变粗。这样它的身材就更加庞大了。观察表 10 – 1 和表 10 – 2 之后我们可以得出这样的结论：身材越庞大的动物其骨骼占质量的百分比就越大。

图 10 – 1 是用相同尺寸画出的两种动物的外形和骨骼。通过这幅图我们很容易就能明白上面所说的道理。图中将河马的骨骼长度缩小到了旅鼠骨骼的尺寸。这样，我们能够一眼看出，河马的骨骼不成比例地粗大。

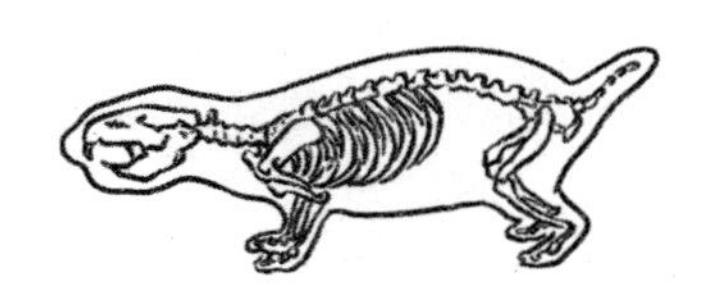
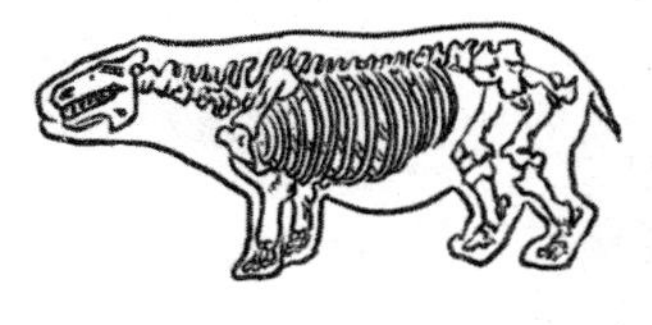

图 10 – 1 旅鼠的骨骼（左）与河马的骨骼（右）的比较

表10－1和表10－2列出了一些动物的骨骼占自身质量的百分比：

表10－1　哺乳类动物的骨骼占比

哺乳类动物	骨骼占比（%）
地鼠	8
家鼠	8.5
家兔	9
猫	11.5
狗（中等体型）	14
人	18

表10－2　鸟类动物的骨骼占比

鸟类动物	骨骼占比（%）
戴菊鸟	7
家鸡	12
鹅	13.5

10.3　陆生动物

关于陆生动物的构造问题，最早是伽利略开始研究的。伽利略曾在其著作《关于两门新科学的对话》中提到了大尺寸的动植物、“巨人和水生动物的骨骼”、水生动物的可能尺寸等一系列问题。

我们注意到，动物的身材越大，它的四肢就越短。陆生动物的构造具有这样一个特点：动物四肢的做功能力与它们长度的三次方成正比，而动物控制它们四肢时做的功与四肢长度的四次方成正比。很多人见过盲蜘蛛，盲蜘蛛是一种特别小的动物，它的脚非常长。也只有尺寸小的动物才能有这样的形状，尺寸大一些的，比如狐狸，如果有与盲蜘蛛类似的形状，那它的脚就会无法支撑身体的重量，这样的动物一定是没有行动能力的。

仔细观察我们会发现，已经长成的动物的四肢与它们身体的比例会比刚生出来时小，这说明在发育过程中，四肢的发育速度是小于身体的发育速度的。也就是说，上面我们所说的陆生动物的构造特点其实也体现在动物的发育过程之中。只有身体的发育速度快才能保证肌肉和运动所需要的功之间存在比较适当的对应关系。

这是陆生动物的特点，在海洋中，动物因为受到水的作用力，所以在构造上并不具备陆生动物的这些特点。例如，半米长的深水螃蟹就是很好的例子，它们由于自身体重与水的作用力处于一种平衡的状态，因此，虽然脚有 3 米长，但是行动起来依然非常方便。

10.4　灭绝的巨大动物

随着动物躯体的增大，它们的灵活性会减小，这时它们所需的食物的量增加了，但是获取食物的能力却降低了。所以，动物的尺寸是有一定的极限的。当动物的尺寸达到某个值的时候，它对食物的需求量将超过它获取食物的能力，这时，这种动物就不可避免地要走向灭亡。就像我们所熟知的极大的恐龙（图 10－2），就是由于体积过大、生存能力不强而灭绝的。远古时代，很多像恐龙这样的巨大动物也是因为这个原因一个接一个离开了历史舞台。身躯巨大的动物由于骨骼和肌肉不相称的巨大，活动能力不强，捕猎能力也就相应地比较差，这种情况下就自然走向了灭绝之路。

说到这里肯定有人要提出质疑了，鲸的体积那么大不是也活得好好的吗？鲸不应该包括在我们上面所说的动物里面，因为鲸生存的环境是水中，水的作用力会对它的体重产生一定的抵消作用，所以上面我们所说的那些对鲸来说是不适用的。

还有一个问题也非常值得我们思考，那就是，既然太大的尺寸影响动

图 10 -2　把古代的巨兽移到现代都市的街道上

物的捕猎能力，对于动物的生存来说是不利的，那为什么动物在进化的过程中没有变得越来越小呢？其原因就在于尺寸较大的动物虽然在活动能力上比尺寸微小的动物要弱，但是它们的力量的绝对值要比微小的动物大得多。以《格列佛游记》中的巨人为例，他的身高是格列佛的 12 倍，举起手臂要比格列佛困难 12 倍，但不能忽视的是，他举起的质量是格列佛的 12^3 倍，也就是 1 728 倍。我们前面说过，要战胜一个巨人，需要 144 个正常人的力量，这也就是说，虽然尺寸大的动物做功能力相对较差，但是在大小动物的斗争中，却占据着绝对的优势。这也是虽然在获取食物方面存在困难，但是动物在进化过程中没有越变越小的原因。

10. 5　谁的跳跃能力强

人们常常为跳蚤的跳跃能力感到震惊，跳蚤能够跳到大约 40 厘米的高度，这是它身体长度的一百倍以上。人们由此提出：一个人如果拥有和跳蚤一样的跳跃能力，那么他就能跳到 1. 7 ×100 米，即 170 米（图 10 -3）。

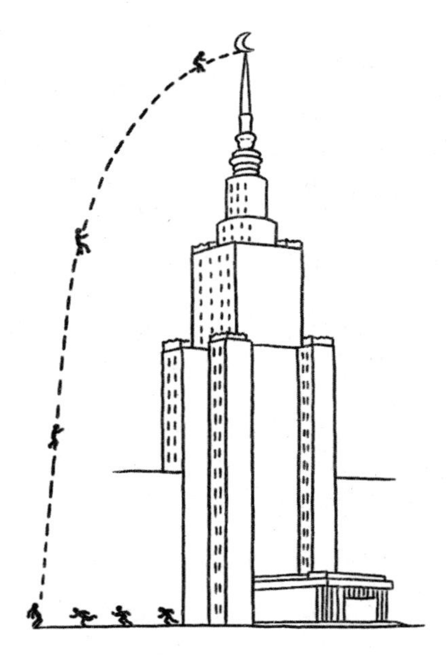

图 10 -3 假如人能像跳蚤那样跳

我们真的要跳那么高才能跟跳蚤媲美吗？事实上，力学的计算表明并非如此。下面我们就来证明一下这个结论。首先，假设人的身体和跳蚤的身体在几何形状方面是相似的。设跳蚤的质量为 p 千克，跳的高度是 h 米；人的质量是 P 千克，跳的高度是 H 米。那么，跳蚤每跳一次所做的功就是 ph 公斤米；而人每跳一次所做的功是 PH 公斤米。由于人的身体的长度大约是跳蚤的 300 倍，因此人的体积应该是跳蚤的 300^3 倍，人的重量也就可以看成跳蚤的 300^3 倍，也就是 $P=300^3p$，据此，我们可以得出

$$\frac{PH}{ph}=300^3\ \frac{H}{h}$$

当人跳起的高度与跳蚤跳起的高度一样时，人跳起时所做的功就是跳蚤的 300^3 倍，也就是说，人的做功能力相当于跳蚤的 300^3 倍。而把自己的身体重心上升 40 厘米对我们来说并不是什么困难的事，甚至可以说非常简

单。另外一点也不容忽视，那就是跳蚤的体重非常小，也就是说，它跳起40厘米的时候，升起的重力微不足道，而人的重力是它的300^3倍，也就是27 000 000倍。这样看来，只有当270万只跳蚤一起跳起时，上升的重力才相当于一个人的重力。而且我们很容易就能跳得超过40厘米高。从各方面来讲，我们的跳跃能力一点也不比跳蚤差，甚至还比它们强许多。

我们把后肢构造相同的一些动物跳跃的高度跟它们的身体进行比较，可以得到以下的结果：

鼠跳的高度是其身体长度的5倍，

跳鼠跳的高度是其身体长度的15倍，

蚱蜢跳的高度是其身体长度的30倍。

由此可见，动物的尺寸越小，它所跳的距离与其身体长度的比值就越大，也就是说，随着动物尺寸的减小，它们跳跃的相对值会增大。

10.6 谁的飞行能力强

鸟类之所以能够飞翔是因为当它们扇动翅膀时，空气阻力会对它们的翅膀产生作用力。我们可以据此来比较一下不同动物的飞行本领。当鸟扇动翅膀的速度相同时，空气阻力的大小跟它们翅膀的面积有关，而当动物的身体长度增长时，翅膀的面积也会随着增长，增长的速度是身体长度增长速度的二次方。但是由于它的体重是随身体长度的三次方比例增长的，所以翅膀的截面负载会随着动物身体尺寸的增长而增长。

下面这组数据是几种飞行动物的翅膀的截面负载：

昆虫类

蜻蜓（0.9 克） ………………………………… 0.04 克

蚕蛾（2 克） …………………………………… 0.1 克

鸟 类

岸燕（20 克） ………………………………… 0.14 克

鹰（260 克） ………………………………… 0.38 克

鹫（5 000 克） ………………………………… 0.63 克

从这组数字中我们很容易就能看出，飞行动物的尺寸越大，其翅膀的截面负载也就越大。就像《格列佛游记》中大人国的巨鹰，由于其体积是普通鹰的 12 倍，所以，其翅膀的截面负载就应该是普通鹰的 12 倍，也就是说，它的翅膀每 1 平方厘米所承载的重量是普通鹰的 12 倍之多。这样的巨鹰跟小人国里的鹰相比，只能算是很低等的飞行动物了。

很明显，飞行动物的身体尺寸也是有一个限度的，超过了这个限度，它的翅膀就承受不了身体的重量了，这时它自然就飞不起来了。因为身体尺寸太大而失去飞行能力的鸟并不少见。例如图 10－4 中这些鸟类中的巨

图 10－4 鸡（左）、鸵鸟（中）和已经灭绝的马达加斯加隆鸟（右）的骨骼比较

人，一人高的食火鸡、2.5 米高的鸵鸟、曾经生活在马达加斯加的 5 米高的隆鸟，都是不能飞的，隆鸟甚至已经灭绝了。这些鸟的远祖身材并不这么庞大，它们是可以飞的，只是后来可能由于缺乏练习再加上身体的增长，所以才最终失去了飞行的能力。

10.7　毫发无损的昆虫

我们经常看到一些昆虫在树枝上追逐时，从高高的树枝上跳下，落到地上的时候毫发无损。而我们如果从这样的高度跳下，肯定会受伤的。为什么虫类可以从我们不敢跳下的高度跳下，而且可以丝毫无损伤呢?

其实这是因为对于一个体积很小的物体而言，当它碰到障碍物的时候，身体的各部分很快就停止了运动，所以不会发生一部分对另一部分产生巨大压力的情况。而对于一个体积和质量都很大的物体来说情况就大不一样了。巨大物体在落下的过程中遇到障碍物时，下面部分停止运动以后上面部分却还在继续运动，这样上面部分就会对下面部分产生巨大的压力，这个压力就会使动物的机体受到损伤。

或者可以这样解释，我们把一个人的身体质量和体积看作 1 000 个小人组成的，如果一个身材正常的人从树上跌落下来，那就相当于 1 000 个小人从树上往下跳，先落地的小人必定会受到后落地的小人的冲击，所以在下面的小人肯定会受伤；而如果让这些小人单独从树上跳下来，则会大大减少冲击力和受伤的概率。这就是为什么虫子从高处掉落不会像人从高处掉落那样受到重伤的原因。

再者，本身体积较小的动物其身体各部分的弹性也比较大。就像越薄的杆子或板就越容易弯曲一样。昆虫的体积只有大型哺乳动物体积的几百分之一，根据弹性公式我们可以推断出，它们的身体在受到撞击时，弯曲的程度比哺乳动物要大几百倍。受到撞击时，昆虫的身体可以很自如地弯曲，这样能比较有效地避免伤害。所以碰撞对于昆虫来说，当然没有太大的伤害作用。

10.8　树木的高度

我们假设一棵树的高度和直径都增加到了原来的100倍，那么树干的体积就增加到了原来的100^3倍，它的质量自然也就增加到了原来的100^3倍。由于树干所承受的压力只跟截面积相关，所以当直径增加到原来的100倍时，树干承受压力的能力就增加到了原来的100^2倍。这时，树干所承受的压力是原来的100^3倍，而承受压力的能力只是原来的100^2倍。不难推断，这时树干的截面负载是原来的100倍。

所以，如果树长到这么高，它的几何形状是不可能跟原来相提并论的，因为这时树干很难承受自身的质量。所以对于比较高大的树木来说，如果要保持正常的直立状态，那么它的直径与高度的比值就要比低矮的树木大许多。但是直径增加之后，树木的质量也会随之增加，这样，树根所承受的负载也会随着增加。这个增加当然是有限度的。所以大树的高度是有一个极限的，超越了这个极限，树就会被压坏。“大自然很疼爱树木，不让它们得‘巨人症’。”这是德国的一句俗语，大自然就是通过不让大树得“巨人症”来让它们保持挺立的。

另外，大自然中另一种植物麦秆的强度常常让我们感到震惊。黑麦的麦秆直径只有3毫米左右，但是其高度却能达到1.5米。而我们平时所看到的烟囱，平均直径有5.5米，高度却只能达到140米，烟囱高度与直径的比值是26，与黑麦秆的直径与高度的比值500相差巨大。可见，大自然的产物要比我们人类的发明创造完美得多。

由于计算过程比较复杂，在此我们就不列出了。计算的结果证明，如果我们可以做出跟黑麦秆强度一样的建筑材料，那么用它来修建一个140米高的烟囱，直径只要3米左右就可以了（图10－5）。

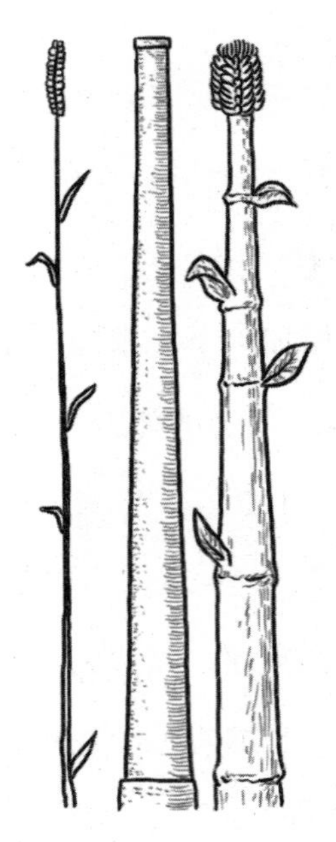

图10－5　黑麦秆（左）、工厂烟囱（中）和假想的140米高的麦秆（右）

植物的粗细会随着高度的增加而不成比例地增加。例如，高度是1.5米的黑麦秆的高度是其粗细的500倍；高30米的竹竿的高度是其粗细的130

倍；高 40 米的松树的高度是其粗细的 42 倍；对于高 130 米的桉树来说，它的高度通常只有其粗细的 28 倍。

10.9 伽利略的著作

在这一部分，我们讨论了很多非常有趣的力学现象，现在就让我们用伽利略的著作《关于两门新科学的对话》中的一段话来结束这一部分吧。

萨尔维阿蒂：我们应该能够明白，仅仅凭借技艺，人类不可能创造出无限大的宫殿、船只、庙宇，就连大自然也没有这种能力。由于树干承受压力的能力不是无限的，所以大自然中不可能出现尺寸太过巨大的树，树的尺寸超过一定限度时，它的树干就会因为无法承受枝桠的重力而断裂。同样，无论是人的骨骼还是动物的骨骼，要想保持它的正常功能，都不可能太过巨大。当动物的尺寸特别大的时候，它的骨骼就需要比其他动物的骨骼坚硬得多，如果不能做到一样，那骨骼一定会比其他动物粗，否则骨骼就无法支撑起身体的重力。而骨骼粗细增加以后，动物的外形就会发生相应的改变，会变得比原来肥大笨拙许多。诗人阿利渥斯妥曾在他的作品《狂暴的罗德兰》中描写过这样一个巨人：

高大的身材使他的肢体变得异常粗壮，

他的样子看上去就像怪物一样。

下面我就用一张图来阐释一下上面的观点（图 10 -6），大骨头的长度是小骨头的 3 倍，只有将大骨头的粗细增加许多，它才能比较稳妥可靠地供体积较大的动物使用。被加大之后的骨头非常巨大。依据相似的原理，如果巨人的身体比例与常人相同，那么他的骨头材质一定是比正常人的骨头材质坚硬得多，否则他身体的坚强度就会比常人小许多。如果构成巨人骨骼的物质的坚硬程度与普通人的相同，那么当巨人的尺寸过大时，他就没有足够的力量支撑起自身的重力，整个身体也就会被自身重力所压坏。

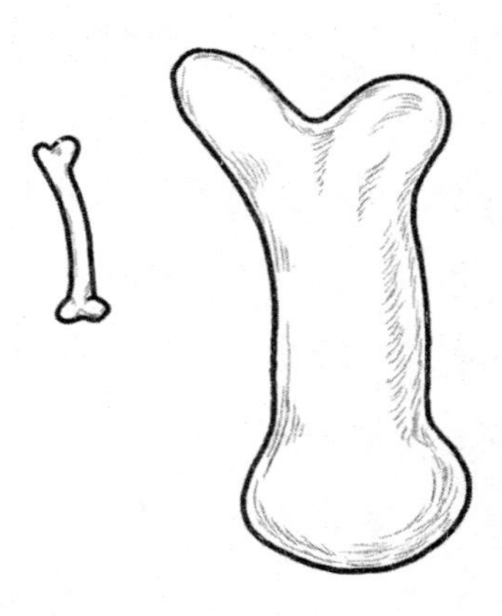

图 10－6　大骨头的长度是小骨头的3倍，大骨头必须加到这么粗，才能像小骨头稳定支撑小动物的身躯那样支撑大型动物的身躯

一只小狗可以比较轻易地背起两三只同样大小的小狗，但是让一匹马背起一匹与自己同样大小的马都是一件非常困难的事。这其实是因为，动物身体的尺寸减小时，它的骨骼的强度并没有随之减小，而且在尺寸较小的动物体内，骨骼的强度甚至还有所增高。

辛普利丘：我怀疑您的观点的正确性，甚至马上就能举出反例，我们经常看到像鲸鱼那样体积巨大的鱼，它的大小甚至相当于十只巨大的象，但是它的身体也没有出现无法支持自身重力的情况。

萨尔维阿蒂：辛普利丘先生，您说得非常好，这恰恰是我刚才没提到的一点。如果我们能让骨头的构造和比例保持不变而减轻骨肉的重力以及骨头所要支撑的身体各部分的重量，那么巨人和巨大的动物就能存在，并且拥有和正常人和动物一样的行动能力。大自然在创造鱼类的时候，就依据了这个原理，他让鱼的骨骼和身体各部分十分轻，甚至完全失去了重力。

辛普利丘：萨尔维阿蒂先生，我明白了，您的意思是鱼类生活在水中，受到水的浮力，由于水的浮力的存在，使鱼类可以不需要依靠骨头来支撑它们身体的重力。但是我觉得仅仅用这一点来解释那些体积巨大的鱼能够存在的原因是不够的。因为即使我们假设鱼类不需要利用它们的骨骼来支撑身体的重力，构成骨骼的物质也有一定的质量。怎么能证明那些身材相当粗胖的鲸鱼肋骨没有相应的重力啊，又怎么能证明这样的重力不会让它沉入水底呢？我认为，按照您前面所阐述的观点，还是不应该存在鲸鱼这样身体巨大的动物。

萨尔维阿蒂：为了让我对您的反驳更有说服力，首先请回答我这样一个问题：您有没有看见过在平静的死水中，漂浮着的鱼？

辛普利丘：这种鱼非常常见，大家都见过。

萨尔维阿蒂：既然这种鱼是存在的，也就是说鱼类是可以静止在水中的，那就说明鱼的平均密度应该是跟水一样的。就像您所说的，鱼的身体中有一些部分是比水的密度要大的，但不能忽视的是，鱼的身体中也有一些部分是比水的密度要小的，只有这样，它的平均密度才会与水相等，它才能静止在水中。骨头的密度比水大，但是鱼肉或者鱼的一些器官的密度比水轻，这些部分中和了骨头的密度。我们不能用之前所说的陆生动物的情况来推断鱼的一些情况。因为陆生动物必须用骨骼来支撑身体的全部重力，但是对于水生动物来说，这种支撑的关系却是完全不存在的。所以在水中有像鲸鱼那样体积巨大的动物，而在陆地上却没有，这不是什么稀奇的现象。

沙格列陀：我非常喜欢辛普利丘先生所提出的这些问题和对这些原本在我看来非常奇怪的问题所给出的解释。根据他的观点，我得出这样一个结论：姑且不考虑呼吸的问题，如果把像鲸鱼这样巨大的一条鱼放在陆地上，那么它的身躯很快就会垮下来，因为它的骨骼完全不能支撑它身体的重力。